Rechenfelder

1

5	5	10
6	7	
11		**23**

4	5	
6	7	
		22

2

18	4	
3	17	
		42

25	8	
6	36	
		75

7	44	
38	12	
		101

40	70	
80	90	
		280

14	44	
38	46	
		142

3

7	6	
6		
		27

4	8	
9		
		24

3		
	7	
12		**27**

	5	
6	7	
		26

14		16
	12	
18		**32**

4

16	18	
25	19	

43	46	
48	49	

24		50
	28	54

50		150
	50	
100		

123		140
134	421	

5

65	8	
8	14	

	63	73
18		35

200		400
	200	
400		

55		66
	44	
66		

6

24		56
	34	
41		

	73	
71		90
100		

112		130
86	210	

19	71	
40		120

78 104 695 96 186 250 108 210 95 121 800 192 107 426

Kilogramm und Gramm

1 Kilogramm = 1000 Gramm   1 kg = 1000 g

1 Bestellung H. Küster

400 g Weizenflocken
200 g Rosinen
300 g Trockenpflaumen
100 g Pinienkerne

Der Inhalt des Paketes wiegt ___ g.

2 Bestellung A. Breuer

100 g Mohn
200 g Hirseflocken
250 g Brotaufstrich
250 g Walnusskerne

Der Inhalt des Paketes wiegt ___ g.

3 Bestellung Kindergarten Am Hof

400 g getrocknete Aprikosen
600 g Mandeln
2 kg Vollkornmehl
1 kg Heidehonig

Der Inhalt des Paketes wiegt ___ kg.

4 Bestellung Schule Ringstraße

2 kg Apfelringe
4 kg Haferflocken
600 g Erdnüsse
400 g Mandeln

Der Inhalt des Paketes wiegt ___ kg.

8 1000 4 7 800

5 Bestellung Jugendherberge Burg

15 kg Müslimischung
6 kg Waldhonig
500 g Buchweizen
200 g Sonnenblumenkerne

Der Inhalt der Sendung wiegt ___ kg und ___ g.

6 Bestellung Jugendheim Adler

400 g Nussmischung
5 kg Trockenobstmischung
2 kg Weizenflocken
350 g Tropenmischung

Der Inhalt der Sendung wiegt ___ kg und ___ g.

7 Bestellung Kinderhort Sonne

400 g Früchtetee
2 kg Kokosflocken
3 kg Trockenobst
500 g Fruchtzucker

Der Inhalt der Sendung wiegt ___ kg und ___ g.

8 Bestellung Altenheim Bachstraße

6 kg Tannenhonig
12 kg Wildreis
150 g Kräuterwürze
375 g Trockenhefe

Der Inhalt der Sendung wiegt ___ kg und ___ g.

22 kg 800 g 7 kg 750 g 21 kg 700 g 5 kg 900 g 18 kg 525 g

1000 Gramm = 1 Kilogramm — 1000 g = 1 kg

Gewichtszunahme

Geburtsgewicht
3570 g

1 Nach 8 Wochen wiegt Sarah 4650 g. Wie viel Gramm hat sie zugenommen?

Sarah hat ____ g zugenommen.

Rechnung:

Ausgangsgewicht	4650 g
Geburtsgewicht	– 3570 g
Gewichtszunahme	____ g

2 Rechne im Heft.
Nach 16 Wochen wiegt Sarah 6100 g.
Sie hat ____ g seit ihrer Geburt zugenommen.

3 Nach 26 Wochen wiegt Sarah 7300 g.
Sie hat ____ g seit ihrer Geburt zugenommen.

1180 3730 1080 2530

4 Berechne die Gewichtszunahme.

	Geburtsgewicht	Gewicht erwachsenes Tier (rund)	Gewichtszunahme
Hausmaus	2 g	30 g	____ g
Goldhamster	3 g	130 g	____ g
Meerschweinchen	80 g	1400 g	____ g
Orang-Utan-Männchen	2 kg	100 kg	____ kg
Sattelrobbe	9 kg	200 kg	____ kg
See-Elefant	35 kg	3500 kg	____ kg
Elefantenkuh	110 kg	4000 kg	____ kg

3465 117 98 1320 28 3890 127 191

Test Gramm – Kilogramm

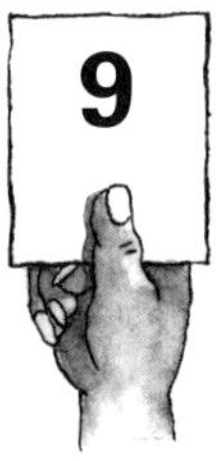

1 kg – 500 g = ____ g	2 kg – 700 g = ____ g	1750 g – 200 g = ____ g
1 kg – 100 g = ____ g	3 kg – 200 g = ____ g	3800 g – 500 g = ____ g
1 kg – 300 g = ____ g	6 kg – 400 g = ____ g	2600 g – 450 g = ____ g
1 kg – 800 g = ____ g	4 kg – 900 g = ____ g	5400 g – 220 g = ____ g
1 kg – 600 g = ____ g	7 kg – 300 g = ____ g	4580 g – 350 g = ____ g

1550 2500 400 5180 2150 3100 700 4230 900 3300 5600 1300 500 6700 2800 200

Kilogramm und Tonne

1000 Kilogramm = 1 Tonne   1000 kg = 1 t

1

1600 kg = t kg
3500 kg = t kg
6700 kg = t kg
4200 kg = t kg

2

2470 kg = t kg
5025 kg = t kg
7280 kg = t kg
1050 kg = t kg

3

4075 kg = t kg
6007 kg = t kg
8050 kg = t kg
5905 kg = t kg

Entscheide bei jedem Fahrzeug, ob es über die Brücke fahren darf.

4

Lastwagen
Eigengewicht 12 t
Ladung 11 t
Gesamtgewicht t

○ ja ○ nein

5

Kleintransporter
Eigengewicht 6 t
Ladung 3 t
Gesamtgewicht t

○ ja ○ nein

6

Lkw 3 Achsen
Eigengewicht 9 t
Ladung 2 t 470 kg
Ges.-gew. t kg

○ ja ○ nein

7

Lkw mit Anhänger
Eigengewicht 11 t
Ladung 7 t 800 kg
Ges.-gew. t kg

○ ja ○ nein

8

Pritschenwagen
Eigengew. 1945 kg
Ladung 600 kg
Gesamtgew. kg
das sind t kg

○ ja ○ nein

9

Kastenwagen
Eigengew. 1800 kg
Ladung 1000 kg
Gesamtgew. kg
das sind t kg

○ ja ○ nein

10

Kipper
Eigengew. 2130 kg
Ladung 1300 kg
Gesamtgew. kg
das sind t kg

○ ja ○ nein

9 2800 3430 23 2545 11 t 470 kg 17 t 700 kg 18 t 800 kg

11

536 kg + 359 kg = kg	328 kg + 263 kg = kg	475 kg + 317 kg = kg	246 kg + 428 kg = kg
463 kg + 327 kg = kg	224 kg + 158 kg = kg	619 kg + 253 kg = kg	336 kg + 526 kg = kg

591 674 790 862 692 895 792 382 872

12

382 t + 456 t = t	274 t + 394 t = t	670 t + 286 t = t	507 t + 386 t = t
420 t + 409 t = t	307 t + 508 t = t	149 t + 306 t = t	460 t + 519 t = t

829 838 668 567 979 815 956 455 893

Kilogramm und Tonne

1 Tonne = 1000 Kilogramm 1 t = 1000 kg

1

2 t 600 kg = ___ kg
4 t 900 kg = ___ kg
7 t 400 kg = ___ kg
5 t 300 kg = ___ kg
9 t 700 kg = ___ kg

2

4 t 250 kg = ___ kg
6 t 920 kg = ___ kg
3 t 50 kg = ___ kg
2 t 7 kg = ___ kg
5 t 209 kg = ___ kg

3

1 t = 600 kg + ___ kg
2 t = 1 300 kg + ___ kg
4 t = 3 500 kg + ___ kg
3 t = 2 400 kg + ___ kg
5 t = 4 700 kg + ___ kg

3 050 2 700 5 209 400 700 7 400 9 700 500 6 920 5 300 4 250 600 4 900 300 2 007 2 600

4

2 t 300 kg + 400 kg = ___ t ___ kg
4 t 100 kg + 600 kg = ___ t ___ kg
7 t 400 kg + 500 kg = ___ t ___ kg
3 t 200 kg + 700 kg = ___ t ___ kg
5 t 500 kg + 300 kg = ___ t ___ kg

6 t 400 kg 5 t 800 kg 3 t 900 kg 7 t 900 kg 4 t 700 kg 2 t 700 kg

5

3 t 450 kg + 300 kg = ___ t ___ kg
6 t 210 kg + 500 kg = ___ t ___ kg
8 t 60 kg + 800 kg = ___ t ___ kg
1 t 570 kg + 400 kg = ___ t ___ kg
9 t 5 kg + 200 kg = ___ t ___ kg

6 t 710 kg 9 t 205 kg 6 t 310 kg 8 t 860 kg 3 t 750 kg 1 t 970 kg

6

600 kg + ___ kg = 1 t
1 t 300 kg + ___ kg = 2 t
7 t 500 kg + ___ kg = 8 t
3 t 200 kg + ___ kg = 4 t
9 t 400 kg + ___ kg = 10 t

800 600 400 700 500 300

7

4 t 700 kg + 500 kg = ___ t ___ kg
1 t 500 kg + 700 kg = ___ t ___ kg
3 t 900 kg + 600 kg = ___ t ___ kg
5 t 600 kg + 800 kg = ___ t ___ kg
7 t 400 kg + 900 kg = ___ t ___ kg

8 t 300 kg 6 t 400 kg 7 t 300 kg 2 t 200 kg 4 t 500 kg 5 t 200 kg

8

2 t 800 kg + 400 kg = ___ t ___ kg
6 t 300 kg + 800 kg = ___ t ___ kg
8 t 750 kg + 500 kg = ___ t ___ kg
3 t 670 kg + 600 kg = ___ t ___ kg
1 t 820 kg + 300 kg = ___ t ___ kg

9 t 250 kg 3 t 200 kg 7 t 100 kg 5 t 210 kg 2 t 120 kg 4 t 270 kg

9

900 kg + ___ kg = 2 t
500 kg + ___ kg = 2 t
1 t 200 kg + ___ kg = 3 t
2 t 400 kg + ___ kg = 4 t
3 t 700 kg + ___ kg = 5 t

1 100 1 300 1 600 1 200 1 500 1 800

10

3 t 700 kg − 400 kg = ___ t ___ kg
5 t 900 kg − 600 kg = ___ t ___ kg
1 t 600 kg − 250 kg = ___ t ___ kg
4 t 800 kg − 340 kg = ___ t ___ kg
2 t 500 kg − 125 kg = ___ t ___ kg

5 t 300 kg 1 t 350 kg 2 t 375 kg 2 t 750 kg 3 t 300 kg 4 t 460 kg

11

4 t 200 kg − 600 kg = ___ t ___ kg
7 t 300 kg − 500 kg = ___ t ___ kg
3 t 400 kg − 900 kg = ___ t ___ kg
6 t 100 kg − 400 kg = ___ t ___ kg
8 t 500 kg − 700 kg = ___ t ___ kg

6 t 800 kg 3 t 600 kg 7 t 900 kg 2 t 500 kg 7 t 800 kg 5 t 700 kg

12

2 t − ___ kg = 1 t 300 kg
5 t − ___ kg = 4 t 400 kg
3 t − ___ kg = 2 t 700 kg
6 t − ___ kg = 5 t 100 kg
4 t − ___ kg = 3 t 600 kg

300 500 700 400 600 900

Test Kilogramm – Tonne

1 t 700 kg = ___ kg
3 t 400 kg = ___ kg
6 t 900 kg = ___ kg
4 t 300 kg = ___ kg
8 t 500 kg = ___ kg

1100 3400 6900 4300 8500 1700

1 400 kg = ___ t ___ kg
2 800 kg = ___ t ___ kg
5 300 kg = ___ t ___ kg
7 200 kg = ___ t ___ kg
3 600 kg = ___ t ___ kg

1 t = 700 kg + ___ kg
4 t = 3 200 kg + ___ kg
2 t = 1 500 kg + ___ kg
3 t = 2 600 kg + ___ kg
5 t = 4 900 kg + ___ kg

200 300 500 100 400 800

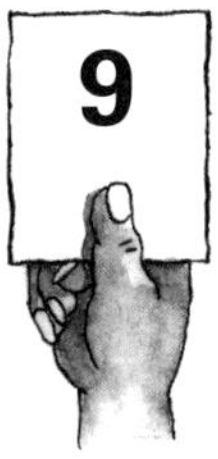

Gramm – Kilogramm – Tonne

Lieferungen vom Baumarkt

1

Lieferschein 375

10	Sack Zement	10 · kg =		kg
10	Sack Fertigmörtel	10 · kg =		kg
8	Waschbetonplatten	8 · kg =		kg
	Gesamtgewicht			kg

2

Lieferschein 376

4	Sack Fertigmörtel	4 · kg =		kg
3	Tüten Gips	3 · kg =		kg
15	Waschbetonplatten	15 · kg =		kg
	Gesamtgewicht			kg

3

Lieferschein 377

5	Sack Zement	5 · kg =		kg
2	Sack Kalk	2 · kg =		kg
40	Waschbetonplatten	40 · kg =		kg
	Gesamtgewicht			kg

4

Lieferschein 378

20	Waschbetonplatten	20 · kg =		kg
10	Sack Kalk	10 · kg =		kg
8	Sack Fertigmörtel	8 · kg =		kg
	Gesamtgewicht			kg

5

Lieferschein 379

20	Karton Fliesen	20 · kg =		kg
8	Sack Zement	8 · kg =		kg
4	Tüten Gips	4 · kg =		kg
	Gesamtgewicht			kg

6

Lieferschein 380

50	Karton Fliesen	50 · kg =		kg
20	Sack Zement	20 · kg =		kg
4	Sack Kalk	4 · kg =		kg
	Gesamtgewicht			kg

900 1120 820 500 1250 710 335

Verbinde gleiche Größen.

7

2000 g	3 kg
7000 g	2 kg
3000 g	9 kg
6000 g	7 kg
	6 kg

8

4 kg	10000 g
9 kg	5000 g
5 kg	4000 g
10 kg	9000 g
	8000 g

9

2300 g	6 kg 204 g
4820 g	3 kg 5 g
6204 g	2 kg 300 g
3005 g	4 kg 820 g
	3 kg 50 g

10

1 kg 410 g	7350 g
5 kg 80 g	1410 g
7 kg 350 g	9525 g
9 kg 525 g	5080 g
	7035 g

Im Steinbruch

1

Ein Steinblock wiegt 80 t. Er wird in 4 gleich schwere Blöcke zersägt.

Rechne: 80 : 4 = ____
Ein Block wiegt ____ t.

2

144 t Schotter sollen von einem Lkw mit 24 t Nutzlast zur Baustelle transportiert werden.
Rechne: 144 : 24 = ____
Der Lkw muss ____ -mal fahren.

Rechne im Heft.

3

615 t : 5 = ____ t
570 t : 6 = ____ t
592 t : 4 = ____ t
852 t : 2 = ____ t
603 t : 9 = ____ t

223 148 426 67 123 95

4

472 t : 8 = ____ t
780 t : 5 = ____ t
956 t : 4 = ____ t
546 t : 7 = ____ t
936 t : 8 = ____ t

78 137 117 59 239 156

5

952 t : 7 = ____ t
648 t : 6 = ____ t
795 t : 3 = ____ t
828 t : 9 = ____ t
390 t : 5 = ____ t

108 265 136 92 96 78

6

516 t : 6 = ____ t
580 t : 4 = ____ t
861 t : 3 = ____ t
592 t : 8 = ____ t
772 t : 2 = ____ t

386 145 286 287 74 86

7

522 kg : 9 = ____ kg
994 kg : 7 = ____ kg
296 kg : 8 = ____ kg
620 kg : 5 = ____ kg
552 kg : 6 = ____ kg

37 58 47 92 124 142

8

600 kg : 8 = ____ kg
765 kg : 5 = ____ kg
951 kg : 3 = ____ kg
742 kg : 7 = ____ kg
852 kg : 4 = ____ kg

317 106 173 213 153 75

9

840 g : 3 = ____ g
936 g : 6 = ____ g
770 g : 7 = ____ g
874 g : 2 = ____ g
560 g : 4 = ____ g

110 120 140 280 437 156

10

480 g : 5 = ____ g
664 g : 8 = ____ g
882 g : 6 = ____ g
855 g : 3 = ____ g
585 g : 9 = ____ g

65 147 83 96 285 157

Verbinde gleiche Größen.

11

7000 kg	9 t
4000 kg	70 t
9000 kg	3 t
3000 kg	7 t
	4 t

12

6 t	2000 kg
8 t	8000 kg
2 t	500 kg
5 t	6000 kg
	5000 kg

13

4370 kg	6 t 420 kg
1950 kg	4 t 370 kg
6420 kg	9 t 700 kg
9070 kg	1 t 950 kg
	9 t 70 kg

14

2 t 40 kg	5007 kg
5 t 7 kg	3509 kg
8 t 250 kg	2040 kg
3 t 509 kg	3059 kg
	8250 kg

Liter und Hektoliter

100 Liter = 1 Hektoliter 100 ℓ = 1 hℓ

Große Behälter

Rechne um.

1

400 ℓ = ___ hℓ
700 ℓ = ___ hℓ
900 ℓ = ___ hℓ
200 ℓ = ___ hℓ
800 ℓ = ___ hℓ

500 ℓ = ___ hℓ

2

1 000 ℓ = ___ hℓ
3 000 ℓ = ___ hℓ
6 000 ℓ = ___ hℓ
4 000 ℓ = ___ hℓ
9 000 ℓ = ___ hℓ

___ ℓ = ___ hℓ

3

5 hℓ = ___ ℓ
3 hℓ = ___ ℓ
7 hℓ = ___ ℓ
9 hℓ = ___ ℓ
4 hℓ = ___ ℓ

___ hℓ = ___ ℓ

4 *

20 hℓ = ___ ℓ
40 hℓ = ___ ℓ
15 hℓ = ___ ℓ
38 hℓ = ___ ℓ
60 hℓ = ___ ℓ

___ hℓ = ___ ℓ

5

320 ℓ = ___ hℓ ___ ℓ
450 ℓ = ___ hℓ ___ ℓ
270 ℓ = ___ hℓ ___ ℓ
630 ℓ = ___ hℓ ___ ℓ
840 ℓ = ___ hℓ ___ ℓ

___ ℓ = ___ hℓ ___ ℓ

6

720 ℓ = ___ hℓ ___ ℓ
516 ℓ = ___ hℓ ___ ℓ
207 ℓ = ___ hℓ ___ ℓ
945 ℓ = ___ hℓ ___ ℓ
390 ℓ = ___ hℓ ___ ℓ

___ ℓ = ___ hℓ ___ ℓ

7

2 400 ℓ = ___ hℓ
1 700 ℓ = ___ hℓ
4 200 ℓ = ___ hℓ
8 500 ℓ = ___ hℓ
5 700 ℓ = ___ hℓ

___ ℓ = ___ hℓ

8 *

5 250 ℓ = ___ hℓ ___ ℓ
3 670 ℓ = ___ hℓ ___ ℓ
2 003 ℓ = ___ hℓ ___ ℓ
4 085 ℓ = ___ hℓ ___ ℓ
6 409 ℓ = ___ hℓ ___ ℓ

___ ℓ = ___ hℓ ___ ℓ

9

6 hℓ 30 ℓ = ___ ℓ
1 hℓ 8 ℓ = ___ ℓ
4 hℓ 60 ℓ = ___ ℓ
9 hℓ 50 ℓ = ___ ℓ

10

5 hℓ 20 ℓ = ___ ℓ
3 hℓ 5 ℓ = ___ ℓ
7 hℓ 25 ℓ = ___ ℓ
2 hℓ 10 ℓ = ___ ℓ

11

32 hℓ = ___ ℓ
45 hℓ = ___ ℓ
29 hℓ = ___ ℓ
76 hℓ = ___ ℓ

12

10 hℓ = ___ ℓ
12 hℓ = ___ ℓ
90 hℓ = ___ ℓ
64 hℓ = ___ ℓ

1 Hektoliter = 100 Liter   1 hℓ = 100 ℓ

In Deutschland betrug der Getränkeverbrauch pro Kopf 1995 etwa 672 ℓ.

Berechne den Verbrauch für 4 Personen. Rechne im Heft.

1

Kaffee ___ ℓ · 4 = ___ ℓ
Mineralwasser ___ ℓ · 4 = ___ ℓ
Milch ___ ℓ · 4 = ___ ℓ

2

Erfrischungsgetränke ___ ℓ · 4 = ___ ℓ
Fruchtsaft ___ ℓ · 4 = ___ ℓ
Tee ___ ℓ · 4 = ___ ℓ

Ein Elefant trinkt rund 180 ℓ Wasser pro Tag.

3

Ein Elefant trinkt in einer Woche rund ___ ℓ · 7 = ___ ℓ = ___ hℓ ___ ℓ Wasser.

4

Ein Zirkus hat 9 Elefanten. Der Tagesbedarf an Wasser beträgt rund ___ ℓ · 9 = ___ ℓ = ___ hℓ ___ ℓ Wasser.

164   324   1620   388   100   360   1260   660   2864

Verbinde gleiche Größen.

5

200 ℓ	80 hℓ
800 ℓ	5 hℓ
1000 ℓ	10 hℓ
500 ℓ	2 hℓ
	8 hℓ

6

6 250 ℓ	100 hℓ 30 ℓ
1 030 ℓ	62 hℓ 50 ℓ
3 407 ℓ	78 hℓ 25 ℓ
7 825 ℓ	34 hℓ 7 ℓ
	10 hℓ 30 ℓ

7

6 hℓ	900 ℓ
9 hℓ	400 ℓ
4 hℓ	600 ℓ
5 hℓ	500 ℓ
	4 000 ℓ

8

10 hℓ	10 000 ℓ
15 hℓ	2 800 ℓ
28 hℓ	1 000 ℓ
36 hℓ	3 600 ℓ
	1 500 ℓ

Test Liter – Hektoliter

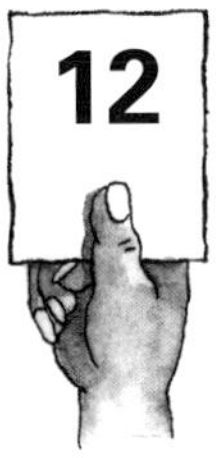

Rechne um.

400 ℓ = ___ hℓ	2 hℓ = ___ ℓ	3 hℓ 40 ℓ = ___ ℓ	150 ℓ = ___ hℓ ___ ℓ
600 ℓ = ___ hℓ	6 hℓ = ___ ℓ	1 hℓ 85 ℓ = ___ ℓ	308 ℓ = ___ hℓ ___ ℓ
700 ℓ = ___ hℓ	10 hℓ = ___ ℓ	6 hℓ 9 ℓ = ___ ℓ	590 ℓ = ___ hℓ ___ ℓ
900 ℓ = ___ hℓ	8 hℓ = ___ ℓ	4 hℓ 70 ℓ = ___ ℓ	840 ℓ = ___ hℓ ___ ℓ
300 ℓ = ___ hℓ	25 hℓ = ___ ℓ	8 hℓ 7 ℓ = ___ ℓ	209 ℓ = ___ hℓ ___ ℓ
7 9 3 / 6 2 4	800 600 2 500 / 200 1 000 10 000	185 690 340 / 807 470 609	

Kilometer und Meter

1 000 Meter = 1 Kilometer 1 000 m = 1 km

1

2 000 m = km	m = km	m = km	m = km

2

km m	km m	km m	km m

3

6 km = m	km = m	km = m	km = m

4

km m	km m	km m	km m

Test Kilometer – Meter

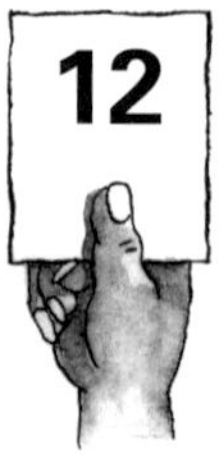

Rechne um.

3 000 m = km	2 400 m = km m	5 km = m	3 km 600 m = m
7 000 m = km	5 600 m = km m	10 km = m	5 km 100 m = m
1 000 m = km	6 300 m = km m	7 km = m	7 km 350 m = m
10 000 m = km	8 100 m = km m	4 km = m	9 km 50 m = m
6 000 m = km	4 500 m = km m	2 km = m	1 km 225 m = m

7 6 100
10 3 1

1 000 7 000 10 000 5 000 2 000
1 225 5 100 7 350 3 600 4 000 9 050

1 Kilometer = 1 000 Meter	1 km = 1 000 m

Strecken auskundschaften: Umwege und Abkürzungen

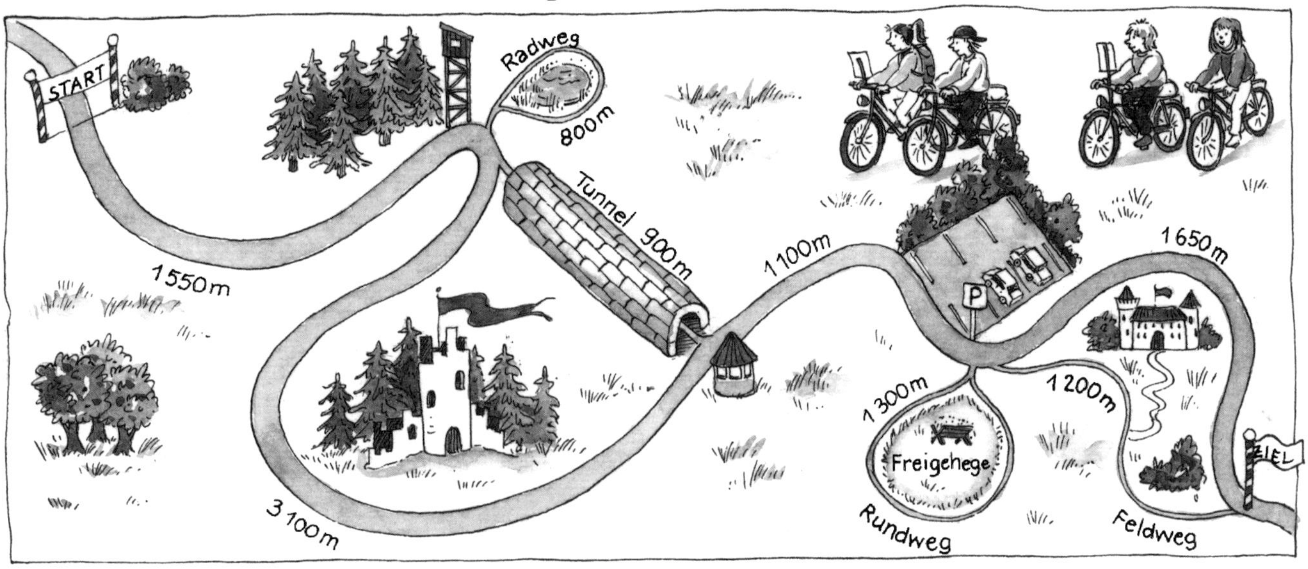

Tina, Murat, Jörg und Anna probieren Strecken aus.

1 Tina: Start bis Ziel

Start bis Hochsitz ___ m
Hochsitz bis Hütte ___ m
Hütte bis Parkplatz ___ m
Parkplatz bis Ziel + ___ m
___ m

Tinas Strecke: ___ m = ___ km ___ m

2 Jörg: Start bis Ziel mit einer Abkürzung

Start bis Hochsitz ___ m
Hochsitz bis Hütte durch Tunnel ___ m
Hütte bis Parkplatz ___ m
Parkplatz bis Ziel + ___ m
___ m

Jörgs Strecke: ___ m = ___ km ___ m

3 Murat: Start bis Ziel mit Umwegen

Start bis Hochsitz ___ m
Radweg ___ m
Hochsitz bis Hütte ___ m
Hütte bis Parkplatz ___ m
Rundweg ___ m
Parkplatz bis Ziel + ___ m
___ m

Murats Strecke: ___ m = ___ km ___ m

4 Anna: Abkürzungen und Umwege

Start bis Hochsitz ___ m
Radweg ___ m
Hochsitz bis Hütte durch Tunnel ___ m
Hütte bis Parkplatz ___ m
Rundweg ___ m
Feldweg bis Ziel + ___ m
___ m

Annas Strecke: ___ m = ___ km ___ m

5 200	6 850	7 400	7 600	9 500

Umfang von Rechtecken und Quadraten

1 Berechne den Umfang der Rechtecke. Prüfe durch Messen.

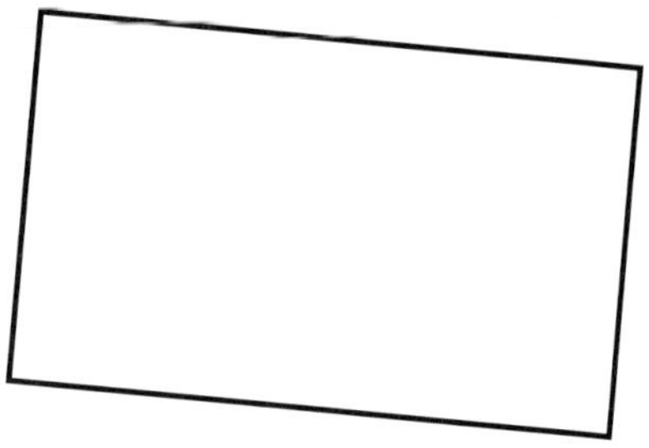

u▭ = 2 · ___ cm + 2 · ___ cm
u▭ = ___ cm

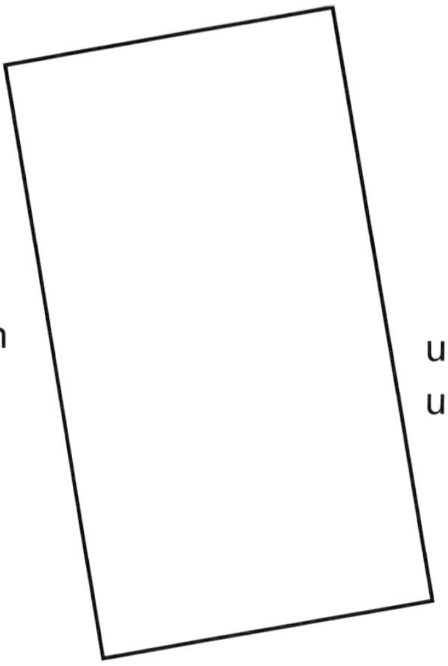

u▭ = 2 · ___ cm + 2 · ___ cm
u▭ = ___ cm

u▭ = 2 · ___ cm + 2 · ___ cm
u▭ = ___ cm

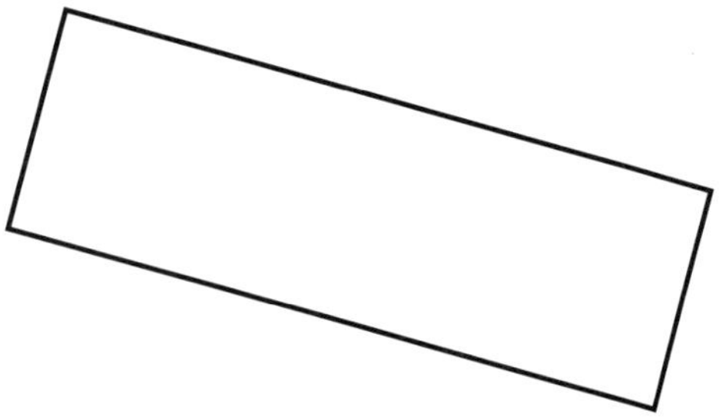

u▭ = 2 · ___ cm + 2 · ___ cm
u▭ = ___ cm

u▭ = 2 · ___ cm + 2 · ___ cm
u▭ = ___ cm

16	14	16	18	10	22

2 Berechne den Umfang der Quadrate. Prüfe durch Messen.

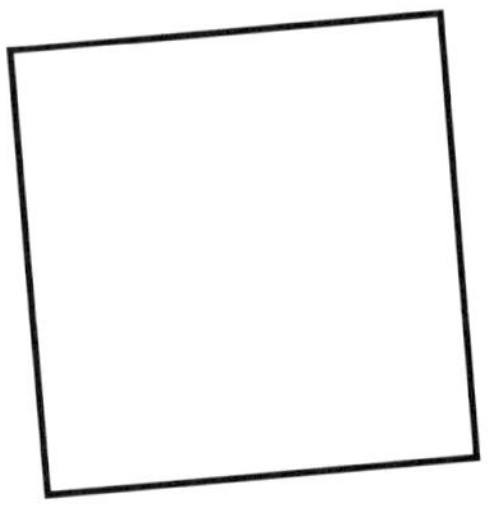

u□ = 4 · ___ cm
u□ = ___ cm

u□ = 4 · ___ cm
u□ = ___ cm

u□ = 4 · ___ cm
u□ = ___ cm

u□ = 4 · ___ cm
u□ = ___ cm

u□ = 4 · ___ cm
u□ = ___ cm

24	12	20	8	16	4

Umfang von Rechtecken und Quadraten

Berechne den Umfang der Rechtecke.

1

ℓ = 5 cm b = 4 cm	ℓ = 4 cm b = 3 cm	ℓ = 6 cm b = 4 cm
$u_{\text{▭}}$ = 2 · ___ cm + 2 · ___ cm	$u_{\text{▭}}$ = 2 · ___ cm + 2 · ___ cm	$u_{\text{▭}}$ = 2 · ___ cm + 2 · ___ cm
$u_{\text{▭}}$ = ___ cm	$u_{\text{▭}}$ = ___ cm	$u_{\text{▭}}$ = ___ cm

2

ℓ = 5 cm b = 2 cm	ℓ = 4 cm b = 2 cm	ℓ = 8 cm b = 5 cm
$u_{\text{▭}}$ = 2 · ___ cm + 2 · ___ cm	$u_{\text{▭}}$ = 2 · ___ cm + 2 · ___ cm	$u_{\text{▭}}$ = 2 · ___ cm + 2 · ___ cm
$u_{\text{▭}}$ = ___ cm	$u_{\text{▭}}$ = ___ cm	$u_{\text{▭}}$ = ___ cm

20 14 18 16 14 12 26

Berechne den Umfang der Quadrate.

3

ℓ = 3 cm	ℓ = 5 cm	ℓ = 8 cm
$u_{\square}$ = 4 · ___ cm	$u_{\square}$ = 4 · ___ cm	$u_{\square}$ = 4 · ___ cm
$u_{\square}$ = ___ cm	$u_{\square}$ = ___ cm	$u_{\square}$ = ___ cm

4

ℓ = 7 cm	ℓ = 9 cm	ℓ = 4 cm
$u_{\square}$ = 4 · ___ cm	$u_{\square}$ = 4 · ___ cm	$u_{\square}$ = 4 · ___ cm
$u_{\square}$ = ___ cm	$u_{\square}$ = ___ cm	$u_{\square}$ = ___ cm

36 20 12 28 24 16 32

Test Umfang von Rechtecken und Quadraten

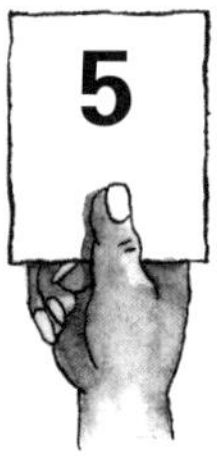

ℓ = 5 cm b = 3 cm	ℓ = 2 cm	ℓ = 7 cm b = 2 cm
$u_{\text{▭}}$ = 2 · ___ cm + 2 · ___ cm	$u_{\square}$ = 4 · ___ cm	$u_{\text{▭}}$ = 2 · ___ cm + 2 · ___ cm
$u_{\text{▭}}$ = ___ cm	$u_{\square}$ = ___ cm	$u_{\text{▭}}$ = ___ cm
ℓ = 6 cm b = 5 cm	ℓ = 6 cm	ℓ = 8 cm b = 1 cm
$u_{\text{▭}}$ = 2 · ___ cm + 2 · ___ cm	$u_{\square}$ = 4 · ___ cm	$u_{\text{▭}}$ = 2 · ___ cm + 2 · ___ cm
$u_{\text{▭}}$ = ___ cm	$u_{\square}$ = ___ cm	$u_{\text{▭}}$ = ___ cm
ℓ = 7 cm b = 4 cm	ℓ = 10 cm	ℓ = 7 cm b = 8 cm
$u_{\text{▭}}$ = 2 · ___ cm + 2 · ___ cm	$u_{\square}$ = 4 · ___ cm	$u_{\text{▭}}$ = 2 · ___ cm + 2 · ___ cm
$u_{\text{▭}}$ = ___ cm	$u_{\square}$ = ___ cm	$u_{\text{▭}}$ = ___ cm

8 16 18 22 20 24 40 22 30 18

Umfang von Dreiecken

1 Berechne den Umfang der Dreiecke. Prüfe durch Messen.

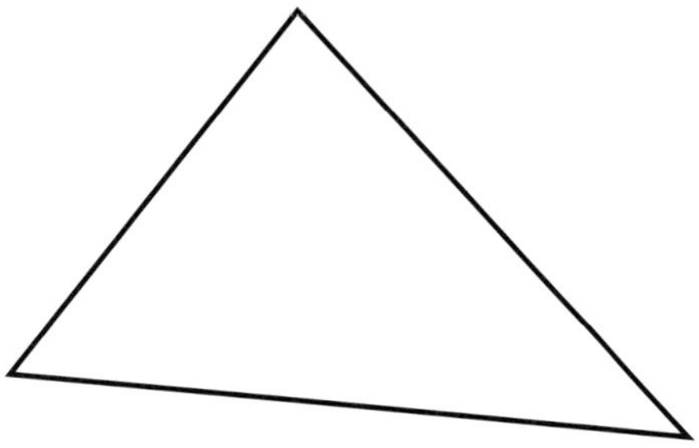

$u_{\triangle}$ = ___ cm + ___ cm + ___ cm
$u_{\triangle}$ = ___ cm

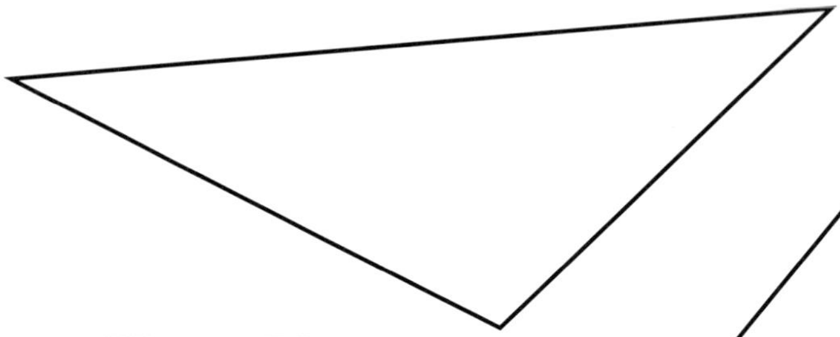

$u_{\triangle}$ = ___ cm + ___ cm + ___ cm
$u_{\triangle}$ = ___ cm

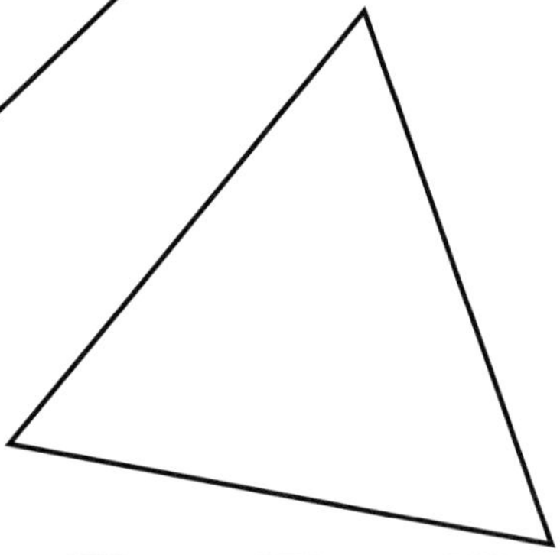

$u_{\triangle}$ = ___ cm + ___ cm + ___ cm
$u_{\triangle}$ = ___ cm

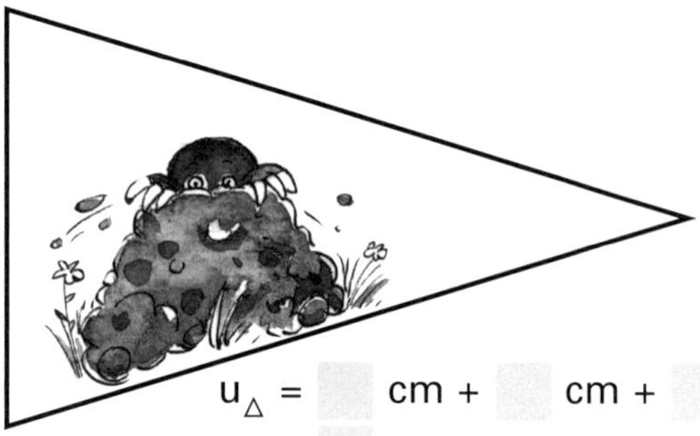

$u_{\triangle}$ = ___ cm + ___ cm + ___ cm
$u_{\triangle}$ = ___ cm

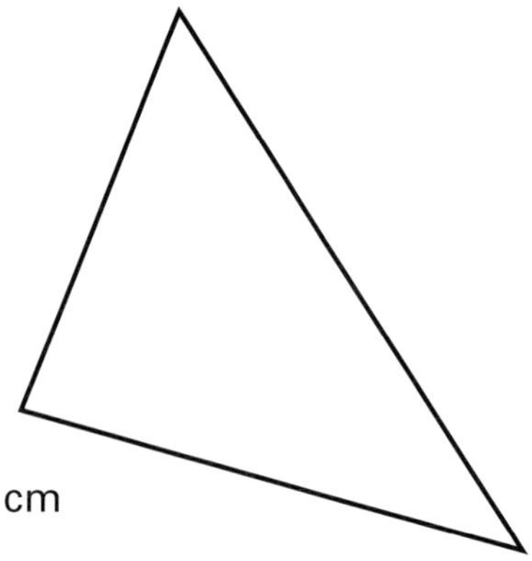

$u_{\triangle}$ = ___ cm + ___ cm + ___ cm
$u_{\triangle}$ = ___ cm

15	20	15	18	15	13

Berechne den Umfang der Dreiecke.

2

a = 3 cm b = 4 cm c = 5 cm
$u_{\triangle}$ = ___ cm + ___ cm + ___ cm
$u_{\triangle}$ = ___ cm

a = 2 cm b = 4 cm c = 3 cm
$u_{\triangle}$ = ___ cm + ___ cm + ___ cm
$u_{\triangle}$ = ___ cm

a = 6 cm b = 4 cm c = 5 cm
$u_{\triangle}$ = ___ cm + ___ cm + ___ cm
$u_{\triangle}$ = ___ cm

3

a = 5 cm b = 2 cm c = 6 cm
$u_{\triangle}$ = ___ cm + ___ cm + ___ cm
$u_{\triangle}$ = ___ cm

a = 4 cm b = 5 cm c = 6 cm
$u_{\triangle}$ = ___ cm + ___ cm + ___ cm
$u_{\triangle}$ = ___ cm

a = 8 cm b = 7 cm c = 6 cm
$u_{\triangle}$ = ___ cm + ___ cm + ___ cm
$u_{\triangle}$ = ___ cm

4

a = 9 cm b = 8 cm c = 7 cm
$u_{\triangle}$ = ___ cm + ___ cm + ___ cm
$u_{\triangle}$ = ___ cm

a = 6 cm b = 6 cm c = 8 cm
$u_{\triangle}$ = ___ cm + ___ cm + ___ cm
$u_{\triangle}$ = ___ cm

a = 5 cm b = 3 cm c = 6 cm
$u_{\triangle}$ = ___ cm + ___ cm + ___ cm
$u_{\triangle}$ = ___ cm

14	24	15	12	9	13	21	16	15	20

Umfang von Dreiecken

1

a = 5 cm b = 8 cm c = 7 cm	a = 6 cm b = 5 cm c = 5 cm	a = 4 cm b = 3 cm c = 3 cm
$u_\triangle$ = ___ cm + ___ cm + ___ cm	$u_\triangle$ = ___ cm + ___ cm + ___ cm	$u_\triangle$ = ___ cm + ___ cm + ___ cm
$u_\triangle$ = ___ cm	$u_\triangle$ = ___ cm	$u_\triangle$ = ___ cm

2

a = 2 cm b = 2 cm c = 2 cm	a = 4 cm b = 4 cm c = 4 cm	a = 5 cm b = 5 cm c = 5 cm
$u_\triangle = 3 \cdot$ ___ cm	$u_\triangle = 3 \cdot$ ___ cm	$u_\triangle = 3 \cdot$ ___ cm
$u_\triangle$ = ___ cm	$u_\triangle$ = ___ cm	$u_\triangle$ = ___ cm

12   20   6   18   16   15   10

3

Berechne den Umfang des dreieckigen Beetes.

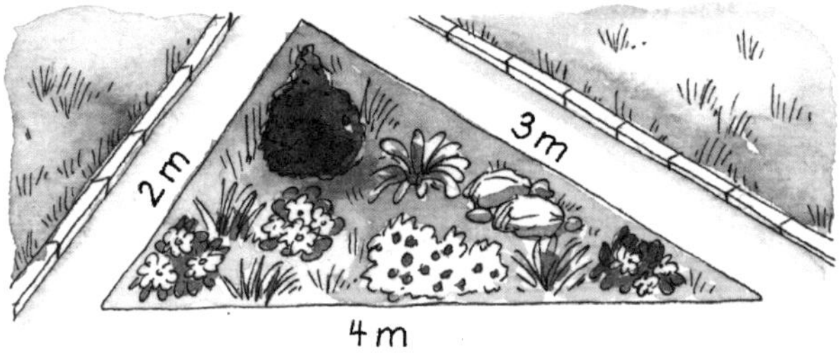

$u_\triangle$ = ___ m + ___ m + ___ m

Das Beet hat einen Umfang von ___ m.

4

Berechne den Umfang der dreieckigen Verkehrsinsel.

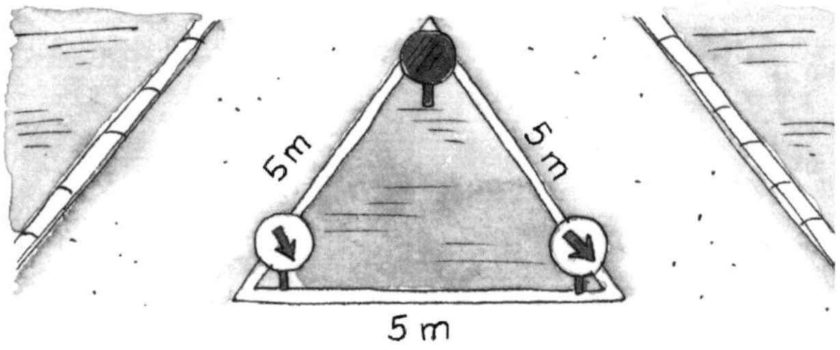

$u_\triangle$ = ___ m + ___ m + ___ m

Die Verkehrsinsel hat einen Umfang von ___ m.

Test Umfang von Dreiecken

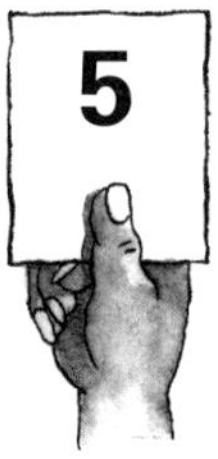

a = 6 cm b = 8 cm c = 5 cm	a = 4 cm b = 4 cm c = 5 cm	a = 3 cm b = 3 cm c = 3 cm
$u_\triangle$ = ___ cm + ___ cm + ___ cm	$u_\triangle$ = ___ cm + ___ cm + ___ cm	$u_\triangle = 3 \cdot$ ___ cm
$u_\triangle$ = ___ cm	$u_\triangle$ = ___ cm	$u_\triangle$ = ___ cm
a = 4 cm b = 6 cm c = 5 cm	a = 9 cm b = 6 cm c = 5 cm	a = 6 cm b = 6 cm c = 6 cm
$u_\triangle$ = ___ cm + ___ cm + ___ cm	$u_\triangle$ = ___ cm + ___ cm + ___ cm	$u_\triangle = 3 \cdot$ ___ cm
$u_\triangle$ = ___ cm	$u_\triangle$ = ___ cm	$u_\triangle$ = ___ cm
a = 3 cm b = 2 cm c = 2 cm	a = 8 cm b = 8 cm c = 6 cm	a = 8 cm b = 8 cm c = 8 cm
$u_\triangle$ = ___ cm + ___ cm + ___ cm	$u_\triangle$ = ___ cm + ___ cm + ___ cm	$u_\triangle = 3 \cdot$ ___ cm
$u_\triangle$ = ___ cm	$u_\triangle$ = ___ cm	$u_\triangle$ = ___ cm

20   17   19   9   24   18   7   15   13   22

Flächeninhalt von Rechtecken

1 Berechne den Flächeninhalt der Rechtecke.

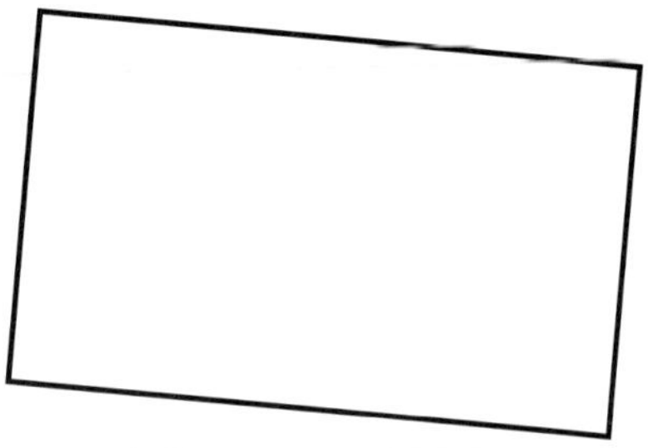

$A_{\square}$ = ___ cm · ___ cm
$A_{\square}$ = ___ cm²

$A_{\square}$ = ___ cm · ___ cm
$A_{\square}$ = ___ cm²

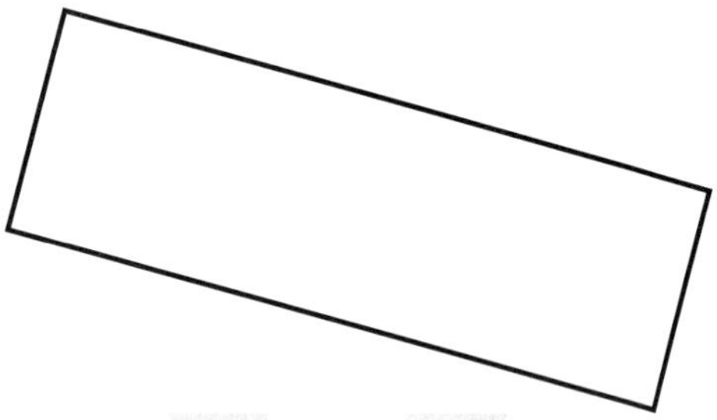

$A_{\square}$ = ___ cm · ___ cm
$A_{\square}$ = ___ cm²

$A_{\square}$ = ___ cm · ___ cm
$A_{\square}$ = ___ cm²

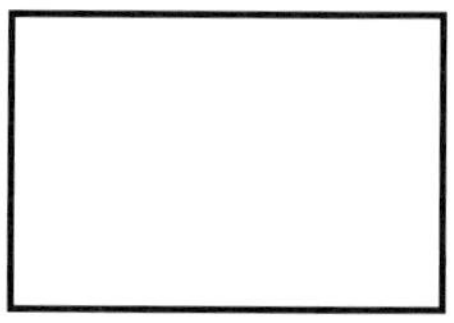

$A_{\square}$ = ___ cm · ___ cm
$A_{\square}$ = ___ cm²

16 12 15 6 28 12

2 Berechne die Flächen der Zimmer.

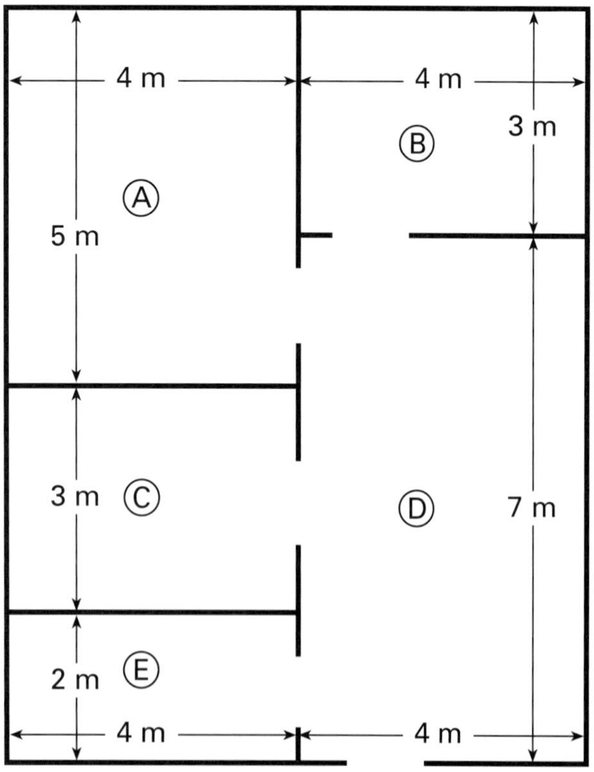

Zimmer Ⓐ
$A_{\square}$ = ___ m · ___ m
$A_{\square}$ = ___ m²

Zimmer Ⓑ
$A_{\square}$ = ___ m · ___ m
$A_{\square}$ = ___ m²

Zimmer Ⓒ
$A_{\square}$ = ___ m · ___ m
$A_{\square}$ = ___ m²

Zimmer Ⓓ
$A_{\square}$ = ___ m · ___ m
$A_{\square}$ = ___ m²

Zimmer Ⓔ
$A_{\square}$ = ___ m · ___ m
$A_{\square}$ = ___ m²

28 12 20 8 12 18

Flächeninhalt von Rechtecken

Berechne den Flächeninhalt der Rechtecke.

1

ℓ = 8 cm b = 6 cm	ℓ = 4 cm b = 3 cm	ℓ = 9 cm b = 5 cm	ℓ = 10 cm b = 7 cm
$A_{\square}$ = ___ cm · ___ cm	$A_{\square}$ = ___ cm · ___ cm	$A_{\square}$ = ___ cm · ___ cm	$A_{\square}$ = ___ cm · ___ cm
$A_{\square}$ = ___ cm^2	$A_{\square}$ = ___ cm^2	$A_{\square}$ = ___ cm^2	$A_{\square}$ = ___ cm^2

2

ℓ = 7 cm b = 3 cm	ℓ = 9 cm b = 4 cm	ℓ = 6 cm b = 2 cm	ℓ = 8 cm b = 7 cm
$A_{\square}$ = ___ cm · ___ cm	$A_{\square}$ = ___ cm · ___ cm	$A_{\square}$ = ___ cm · ___ cm	$A_{\square}$ = ___ cm · ___ cm
$A_{\square}$ = ___ cm^2	$A_{\square}$ = ___ cm^2	$A_{\square}$ = ___ cm^2	$A_{\square}$ = ___ cm^2

21 36 12 48 70 12 56 45 34

3 Welche Fläche hat der Rasen?

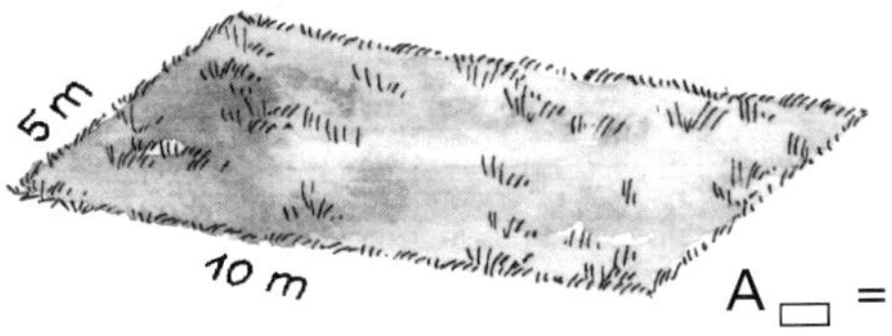

$A_{\square}$ = ___ m · ___ m

Der Rasen hat eine Fläche von ___ m^2.

4 Welche Fläche hat das Beet?

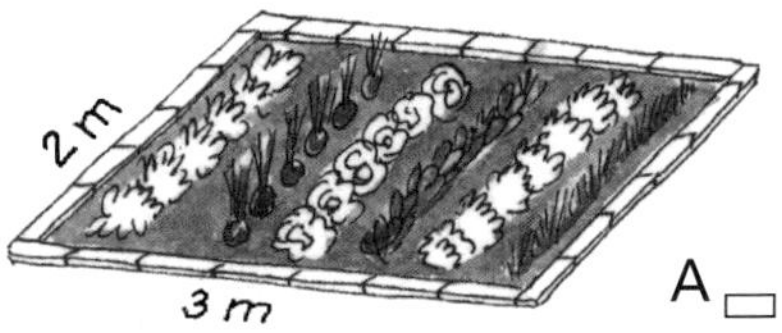

$A_{\square}$ = ___ m · ___ m

Das Beet hat eine Fläche von ___ m^2.

5 Welche Fläche hat die Tischplatte?

$A_{\square}$ = ___ dm · ___ dm

Die Tischplatte hat eine Fläche von ___ dm^2.

6 Welche Fläche hat die Postkarte?

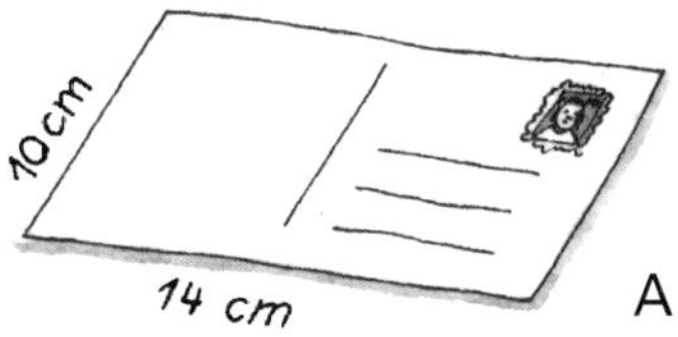

$A_{\square}$ = ___ cm · ___ cm

Die Postkarte hat eine Fläche von ___ cm^2.

Test Flächeninhalt von Rechtecken

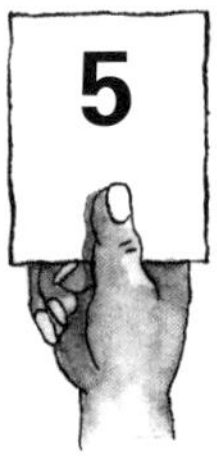

ℓ = 9 cm b = 3 cm	ℓ = 6 cm b = 3 cm	ℓ = 8 cm b = 2 cm
$A_{\square}$ = ___ cm · ___ cm	$A_{\square}$ = ___ cm · ___ cm	$A_{\square}$ = ___ cm · ___ cm
$A_{\square}$ = ___ cm^2	$A_{\square}$ = ___ cm^2	$A_{\square}$ = ___ cm^2
ℓ = 5 cm b = 4 cm	ℓ = 10 cm b = 6 cm	ℓ = 7 cm b = 2 cm
$A_{\square}$ = ___ cm · ___ cm	$A_{\square}$ = ___ cm · ___ cm	$A_{\square}$ = ___ cm · ___ cm
$A_{\square}$ = ___ cm^2	$A_{\square}$ = ___ cm^2	$A_{\square}$ = ___ cm^2
ℓ = 9 cm b = 5 cm	ℓ = 8 cm b = 5 cm	ℓ = 9 cm b = 4 cm
$A_{\square}$ = ___ cm · ___ cm	$A_{\square}$ = ___ cm · ___ cm	$A_{\square}$ = ___ cm · ___ cm
$A_{\square}$ = ___ cm^2	$A_{\square}$ = ___ cm^2	$A_{\square}$ = ___ cm^2

40 38 27 14 36 16 18 45 60 20

Umfang und Flächeninhalt von Quadraten

1 Bestimme Umfang und Flächeninhalt der Quadrate. Prüfe durch Messen.

$u_{\square} = 4 \cdot$ ___ cm = ___ cm
$A_{\square} =$ ___ cm · ___ cm = ___ cm^2

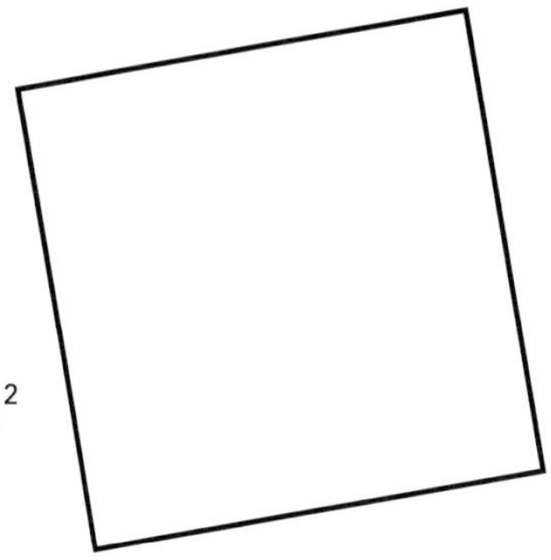

$u_{\square} = 4 \cdot$ ___ cm = ___ cm
$A_{\square} =$ ___ cm · ___ cm = ___ cm^2

$u_{\square} = 4 \cdot$ ___ cm = ___ cm
$A_{\square} =$ ___ cm · ___ cm = ___ cm^2

$u_{\square} = 4 \cdot$ ___ cm = ___ cm
$A_{\square} =$ ___ cm · ___ cm = ___ cm^2

$u_{\square} = 4 \cdot$ ___ cm = ___ cm
$A_{\square} =$ ___ cm · ___ cm = ___ cm^2

16 25 8 24 18 4 36 20 16 9 12

Berechne Umfang und Flächeninhalt der Quadrate.

2

$\ell = 4$ cm
$u_{\square} = 4 \cdot$ ___ cm = ___ cm
$A_{\square} =$ ___ cm · ___ cm = ___ cm^2

$\ell = 5$ cm
$u_{\square} = 4 \cdot$ ___ cm = ___ cm
$A_{\square} =$ ___ cm · ___ cm = ___ cm^2

$\ell = 3$ cm
$u_{\square} = 4 \cdot$ ___ cm = ___ cm
$A_{\square} =$ ___ cm · ___ cm = ___ cm^2

3

$\ell = 6$ cm
$u_{\square} = 4 \cdot$ ___ cm = ___ cm
$A_{\square} =$ ___ cm · ___ cm = ___ cm^2

$\ell = 8$ cm
$u_{\square} = 4 \cdot$ ___ cm = ___ cm
$A_{\square} =$ ___ cm · ___ cm = ___ cm^2

$\ell = 7$ cm
$u_{\square} = 4 \cdot$ ___ cm = ___ cm
$A_{\square} =$ ___ cm · ___ cm = ___ cm^2

4

$\ell = 9$ cm
$u_{\square} = 4 \cdot$ ___ cm = ___ cm
$A_{\square} =$ ___ cm · ___ cm = ___ cm^2

$\ell = 10$ cm
$u_{\square} = 4 \cdot$ ___ cm = ___ cm
$A_{\square} =$ ___ cm · ___ cm = ___ cm^2

$\ell = 1$ cm
$u_{\square} = 4 \cdot$ ___ cm = ___ cm
$A_{\square} =$ ___ cm · ___ cm = ___ cm^2

12 40 49 32 16 1 81 36 25 64
24 16 9 36 100 34 20 28 4

Umfang und Flächeninhalt von Quadraten

1

Berechne Umfang und Fläche der quadratischen Tischplatte.

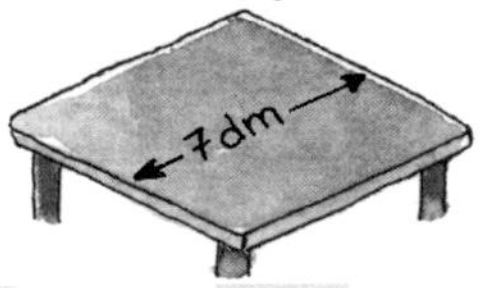

$u_{\square} = 4 \cdot$ ___ dm = ___ dm

$A_{\square} =$ ___ dm $\cdot$ ___ dm = ___ dm^2

2

Berechne Umfang und Fläche des Rasenstückes.

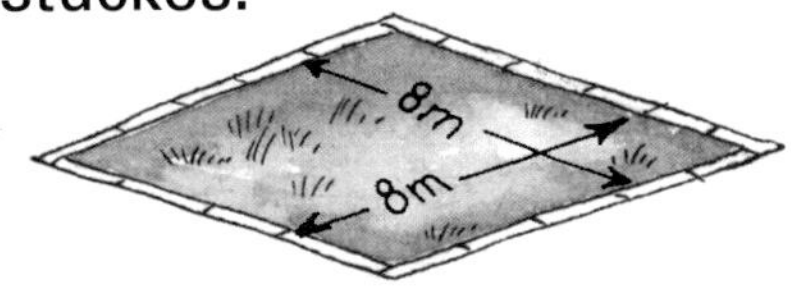

$u_{\square} = 4 \cdot$ ___ m = ___ m

$A_{\square} =$ ___ m $\cdot$ ___ m = ___ m^2

3

Berechne Umfang und Fläche der Fensterscheibe.

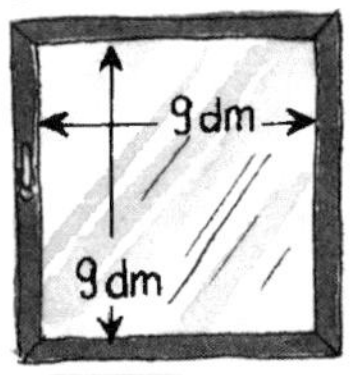

$u_{\square} = 4 \cdot$ ___ dm = ___ dm

$A_{\square} =$ ___ dm $\cdot$ ___ dm = ___ dm^2

4

Berechne Umfang und Fläche der quadratischen Verkehrsinsel.

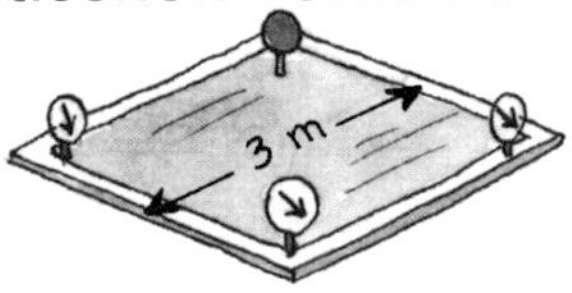

$u_{\square} = 4 \cdot$ ___ m = ___ m

$A_{\square} =$ ___ m $\cdot$ ___ m = ___ m^2

5

Berechne Umfang und Fläche des quadratischen Deckels.

$u_{\square} = 4 \cdot$ ___ cm = ___ cm

$A_{\square} =$ ___ cm $\cdot$ ___ cm = ___ cm^2

6

Berechne Umfang und Fläche des Beetes.

$u_{\square} = 4 \cdot$ ___ m = ___ m

$A_{\square} =$ ___ m $\cdot$ ___ m = ___ m^2

Test Umfang und Flächeninhalt von Quadraten

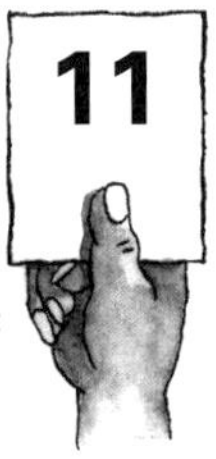

$\ell = 5$ cm $u_{\square} = 4 \cdot$ ___ cm = ___ cm $A_{\square} =$ ___ cm $\cdot$ ___ cm = ___ cm^2	$\ell = 3$ cm $u_{\square} = 4 \cdot$ ___ cm = ___ cm $A_{\square} =$ ___ cm $\cdot$ ___ cm = ___ cm^2	$\ell = 7$ cm $u_{\square} = 4 \cdot$ ___ cm = ___ cm $A_{\square} =$ ___ cm $\cdot$ ___ cm = ___ cm^2
$\ell = 4$ cm $u_{\square} = 4 \cdot$ ___ cm = ___ cm $A_{\square} =$ ___ cm $\cdot$ ___ cm = ___ cm^2	$\ell = 2$ cm $u_{\square} = 4 \cdot$ ___ cm = ___ cm $A_{\square} =$ ___ cm $\cdot$ ___ cm = ___ cm^2	$\ell = 8$ cm $u_{\square} = 4 \cdot$ ___ cm = ___ cm $A_{\square} =$ ___ cm $\cdot$ ___ cm = ___ cm^2
$\ell = 10$ cm $u_{\square} = 4 \cdot$ ___ cm = ___ cm $A_{\square} =$ ___ cm $\cdot$ ___ cm = ___ cm^2	$\ell = 6$ cm $u_{\square} = 4 \cdot$ ___ cm = ___ cm $A_{\square} =$ ___ cm $\cdot$ ___ cm = ___ cm^2	$\ell = 9$ cm $u_{\square} = 4 \cdot$ ___ cm = ___ cm $A_{\square} =$ ___ cm $\cdot$ ___ cm = ___ cm^2

20 32 100 12 49 25 64 4 36 42 16 81 9 24 36 8 40 28 16

Säulen

So geht es!
Was ist richtig? Kreuze an. Manchmal sind mehrere Bezeichnungen richtig.

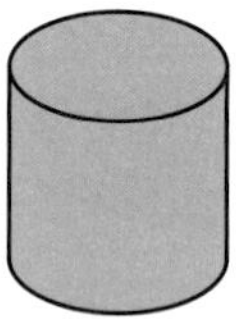

- [ ] Rechtecksäule
- [ ] Quadratsäule
- [ ] Würfel
- [x] Rundsäule

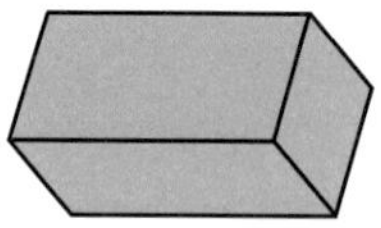

- [x] Rechtecksäule
- [x] Quadratsäule
- [ ] Würfel
- [ ] Rundsäule

- [x] Rechtecksäule
- [x] Quadratsäule
- [x] Würfel
- [ ] Rundsäule

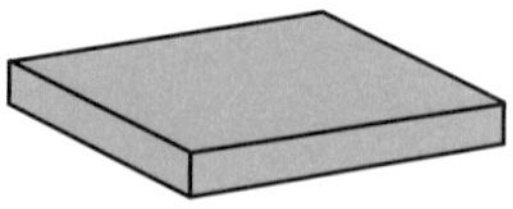

- [x] Rechtecksäule
- [ ] Quadratsäule
- [ ] Würfel
- [ ] Rundsäule

Was ist richtig? Kreuze an.

1

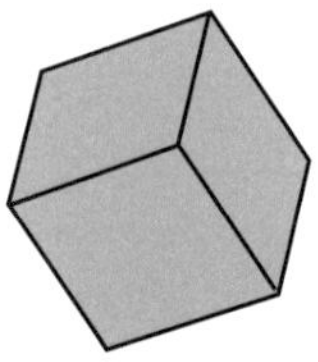

- [ ] Rechtecksäule
- [ ] Quadratsäule
- [ ] Würfel
- [ ] Rundsäule

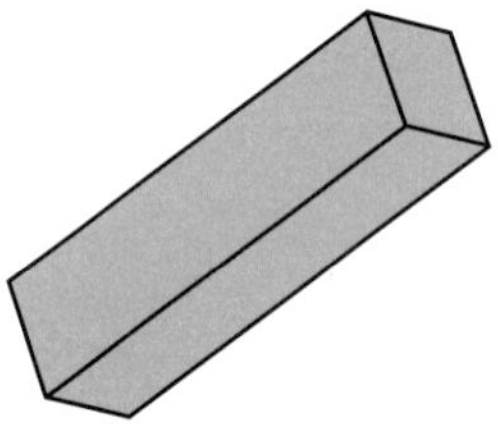

- [ ] Rechtecksäule
- [ ] Quadratsäule
- [ ] Würfel
- [ ] Rundsäule

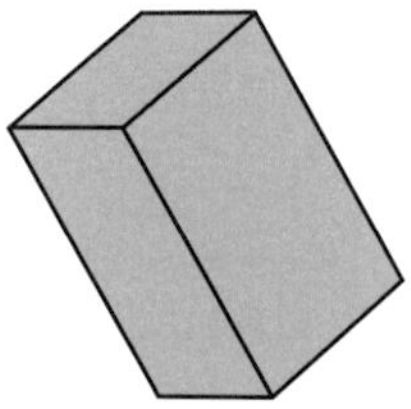

- [ ] Rechtecksäule
- [ ] Quadratsäule
- [ ] Würfel
- [ ] Rundsäule

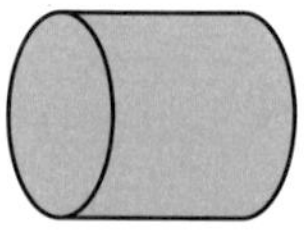

- [ ] Rechtecksäule
- [ ] Quadratsäule
- [ ] Würfel
- [ ] Rundsäule

2

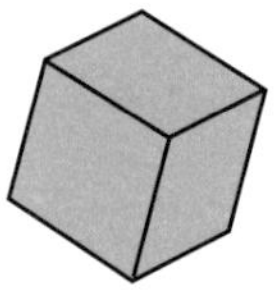

- [ ] Rechtecksäule
- [ ] Quadratsäule
- [ ] Würfel
- [ ] Rundsäule

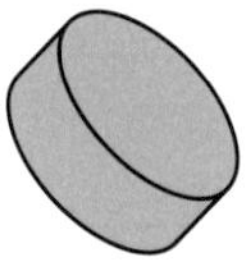

- [ ] Rechtecksäule
- [ ] Quadratsäule
- [ ] Würfel
- [ ] Rundsäule

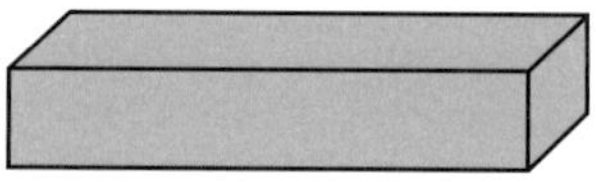

- [ ] Rechtecksäule
- [ ] Quadratsäule
- [ ] Würfel
- [ ] Rundsäule

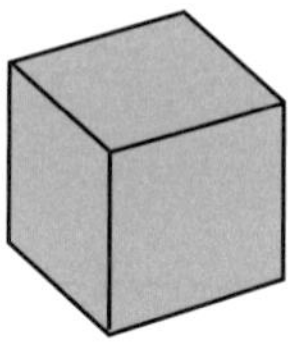

- [ ] Rechtecksäule
- [ ] Quadratsäule
- [ ] Würfel
- [ ] Rundsäule

3

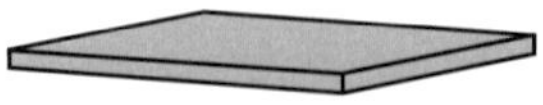

- [ ] Rechtecksäule
- [ ] Quadratsäule
- [ ] Würfel
- [ ] Rundsäule

- [ ] Rechtecksäule
- [ ] Quadratsäule
- [ ] Würfel
- [ ] Rundsäule

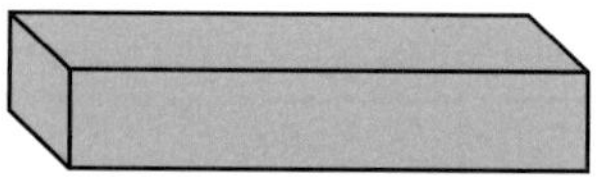

- [ ] Rechtecksäule
- [ ] Quadratsäule
- [ ] Würfel
- [ ] Rundsäule

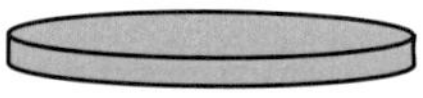

- [ ] Rechtecksäule
- [ ] Quadratsäule
- [ ] Würfel
- [ ] Rundsäule

Säulen

Was ist richtig? Kreuze an.

1

○ Rechtecksäule
○ Quadratsäule
○ Würfel
○ Rundsäule

○ Rechtecksäule
○ Quadratsäule
○ Würfel
○ Rundsäule

○ Rechtecksäule
○ Quadratsäule
○ Würfel
○ Rundsäule

○ Rechtecksäule
○ Quadratsäule
○ Würfel
○ Rundsäule

2

○ Rechtecksäule
○ Quadratsäule
○ Würfel
○ Rundsäule

○ Rechtecksäule
○ Quadratsäule
○ Würfel
○ Rundsäule

○ Rechtecksäule
○ Quadratsäule
○ Würfel
○ Rundsäule

○ Rechtecksäule
○ Quadratsäule
○ Würfel
○ Rundsäule

3

○ Rechtecksäule
○ Quadratsäule
○ Würfel
○ Rundsäule

○ Rechtecksäule
○ Quadratsäule
○ Würfel
○ Rundsäule

○ Rechtecksäule
○ Quadratsäule
○ Würfel
○ Rundsäule

○ Rechtecksäule
○ Quadratsäule
○ Würfel
○ Rundsäule

4

○ Rechtecksäule
○ Quadratsäule
○ Würfel
○ Rundsäule

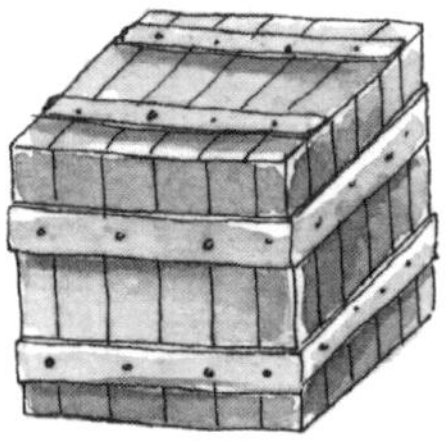

○ Rechtecksäule
○ Quadratsäule
○ Würfel
○ Rundsäule

○ Rechtecksäule
○ Quadratsäule
○ Würfel
○ Rundsäule

○ Rechtecksäule
○ Quadratsäule
○ Würfel
○ Rundsäule

Stammbrüche

Gib die Bruchzahlen an.

1

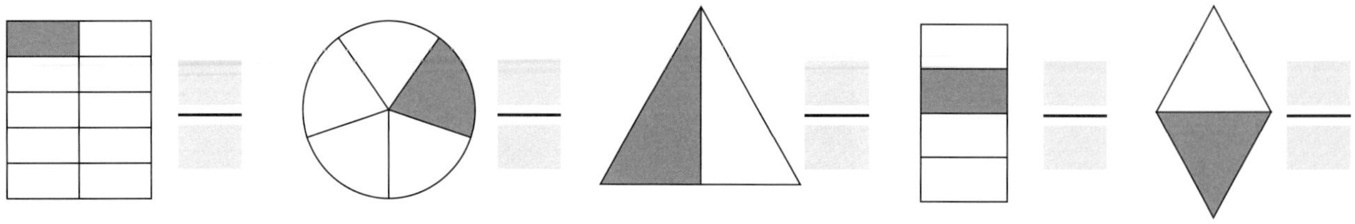

2

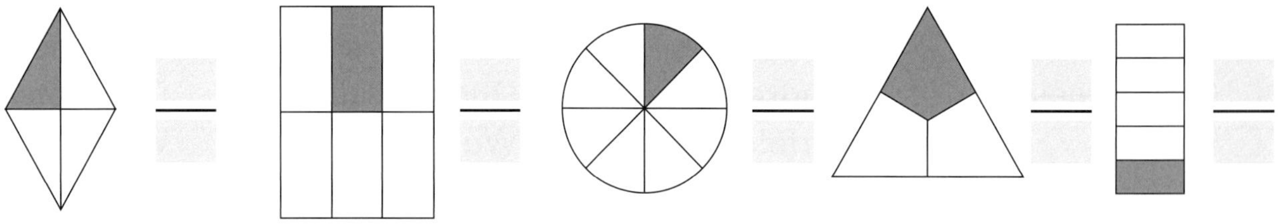

$\frac{1}{2}$ $\frac{1}{6}$ $\frac{1}{4}$ $\frac{1}{10}$ $\frac{1}{3}$ $\frac{1}{2}$ $\frac{1}{7}$ $\frac{1}{5}$ $\frac{1}{4}$ $\frac{1}{8}$ $\frac{1}{5}$

Verbinde.

3

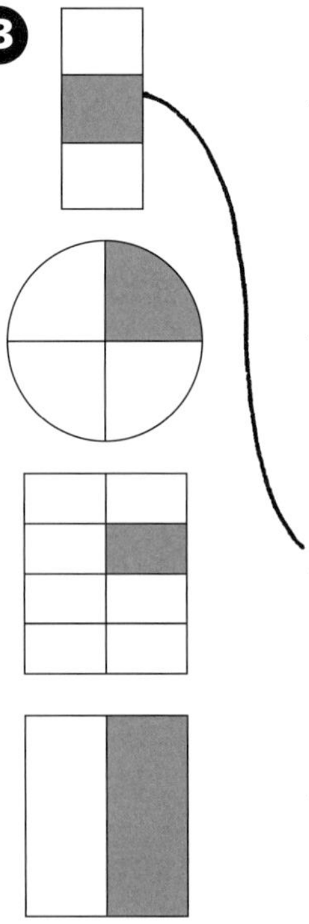

$\frac{1}{4}$ $\frac{1}{2}$ $\frac{1}{3}$ $\frac{1}{8}$

4

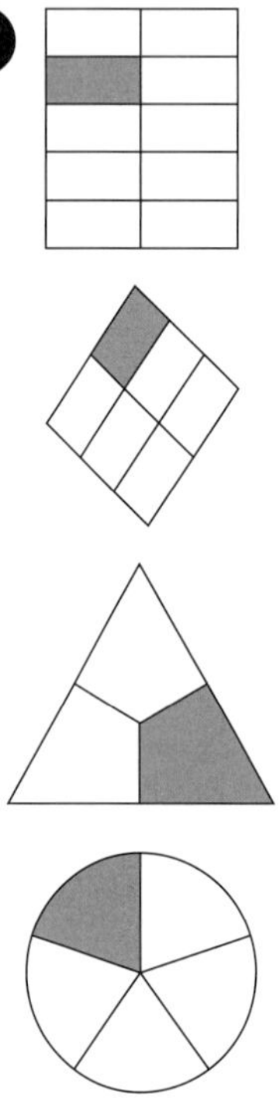

$\frac{1}{3}$ $\frac{1}{10}$ $\frac{1}{5}$ $\frac{1}{6}$

5

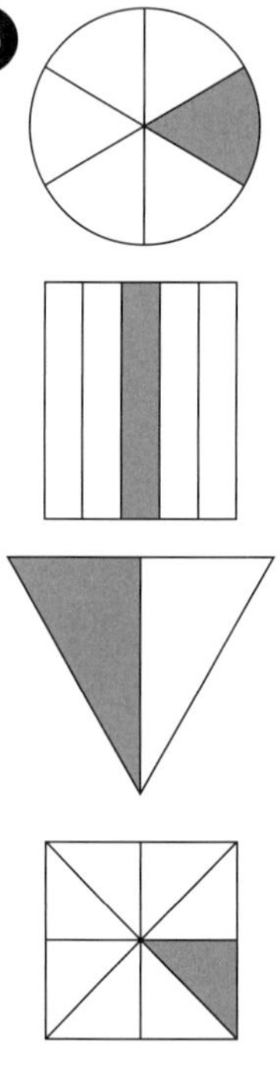

$\frac{1}{2}$ $\frac{1}{8}$ $\frac{1}{6}$ $\frac{1}{5}$

6

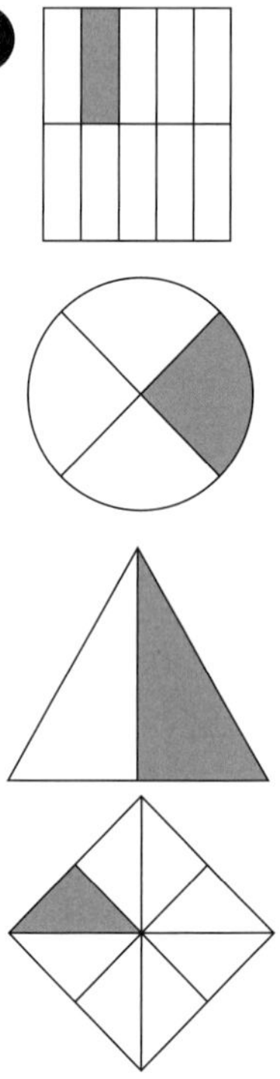

$\frac{1}{8}$ $\frac{1}{2}$ $\frac{1}{10}$ $\frac{1}{4}$

7 Kreise die richtigen Bruchzahlen ein.

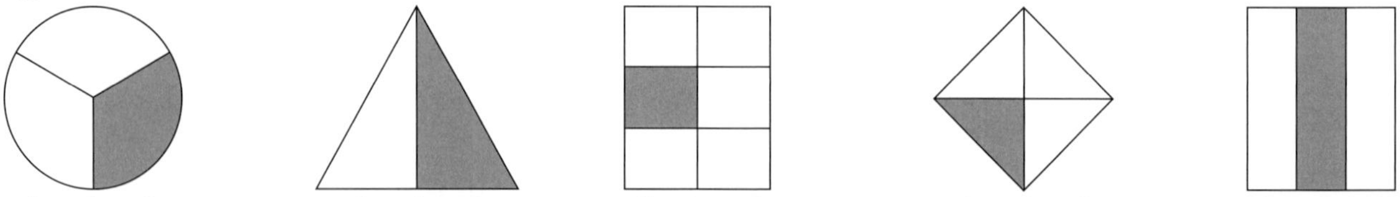

$\frac{1}{3}$ $\frac{1}{2}$ $\frac{1}{4}$ | $\frac{1}{3}$ $\frac{1}{4}$ $\frac{1}{2}$ | $\frac{1}{5}$ $\frac{1}{6}$ $\frac{1}{8}$ | $\frac{1}{4}$ $\frac{1}{8}$ $\frac{1}{2}$ | $\frac{1}{4}$ $\frac{1}{2}$ $\frac{1}{3}$

$\frac{1}{2}$ $\frac{1}{6}$ $\frac{1}{9}$ $\frac{1}{3}$ $\frac{1}{4}$ $\frac{1}{3}$

Male die angegebenen Bruchteile bunt.

1

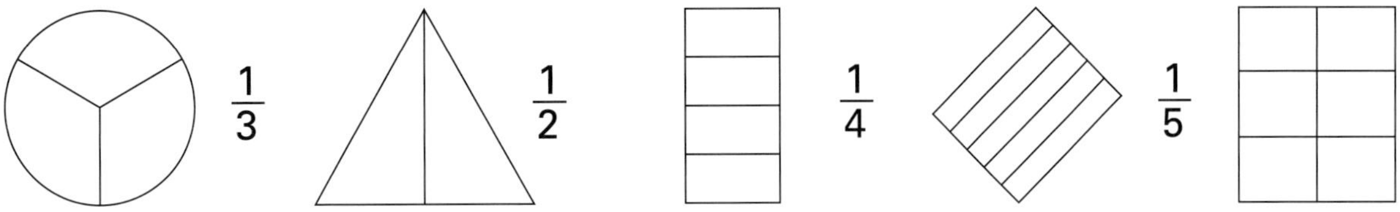

$\frac{1}{3}$ $\frac{1}{2}$ $\frac{1}{4}$ $\frac{1}{5}$ $\frac{1}{6}$

2

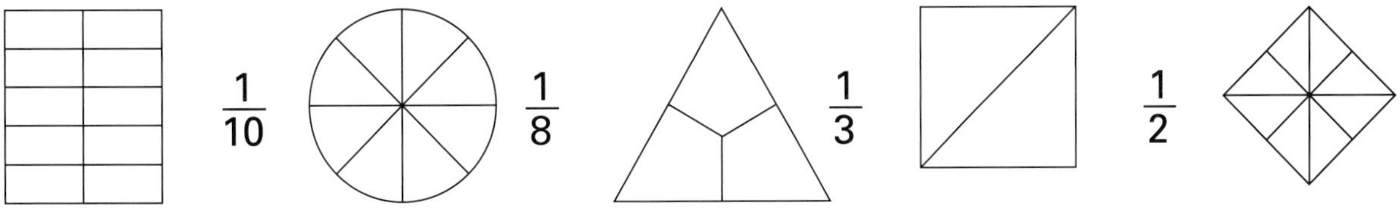

$\frac{1}{10}$ $\frac{1}{8}$ $\frac{1}{3}$ $\frac{1}{2}$ $\frac{1}{8}$

3 Kreise die richtigen Bruchzahlen ein.

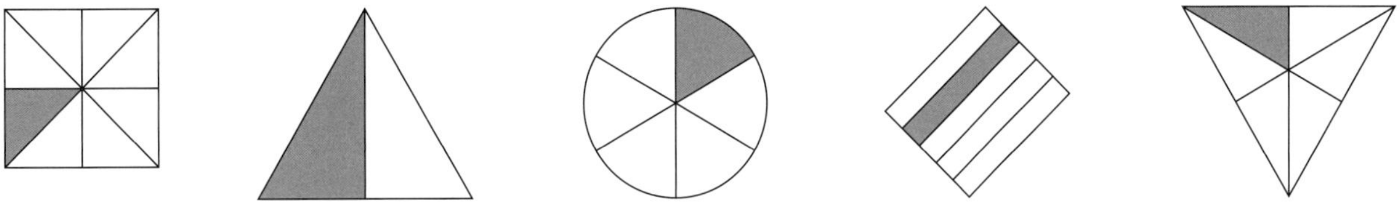

$\frac{1}{5}$ $\frac{1}{6}$ $\frac{1}{8}$ | $\frac{1}{2}$ $\frac{1}{3}$ $\frac{1}{4}$ | $\frac{1}{8}$ $\frac{1}{5}$ $\frac{1}{6}$ | $\frac{1}{8}$ $\frac{1}{4}$ $\frac{1}{5}$ | $\frac{1}{4}$ $\frac{1}{6}$ $\frac{1}{5}$

$\frac{1}{2}$ $\frac{1}{6}$ $\frac{1}{9}$ $\frac{1}{8}$ $\frac{1}{6}$ $\frac{1}{5}$

Test Bruchzahlen bestimmen

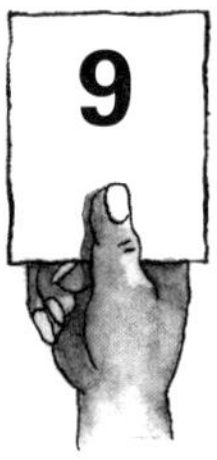

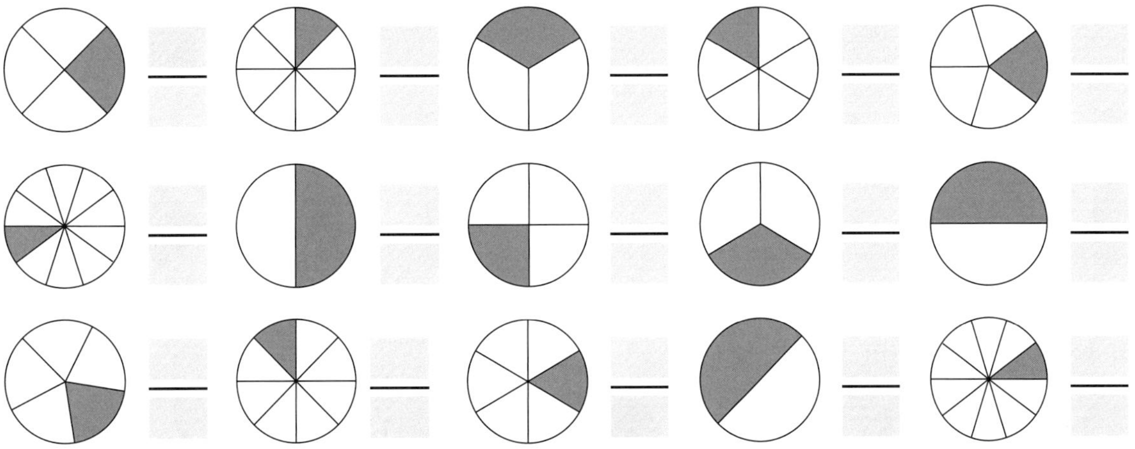

$\frac{1}{10}$ $\frac{1}{3}$ $\frac{1}{8}$ $\frac{1}{10}$ $\frac{1}{8}$ $\frac{1}{2}$ $\frac{1}{4}$ $\frac{1}{7}$ $\frac{1}{6}$ $\frac{1}{5}$ $\frac{1}{2}$ $\frac{1}{4}$ $\frac{1}{5}$ $\frac{1}{3}$ $\frac{1}{2}$ $\frac{1}{6}$

Bruchteile

Gib die Bruchzahlen an.

1

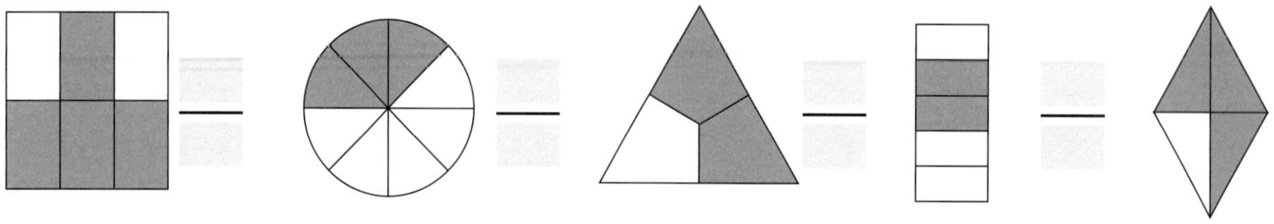

2

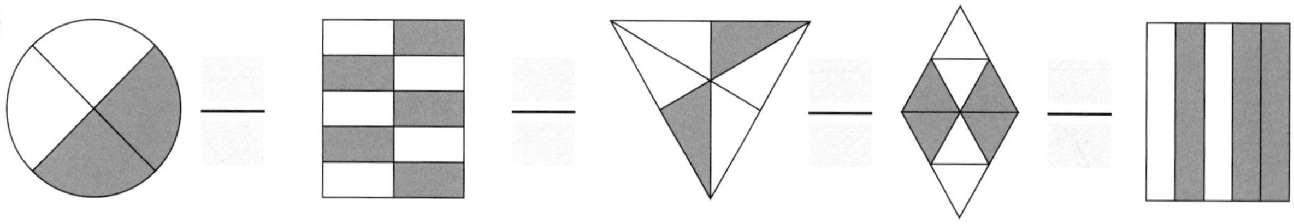

$\frac{3}{4}$ $\frac{4}{8}$ $\frac{3}{8}$ $\frac{3}{5}$ $\frac{2}{3}$ $\frac{5}{10}$ $\frac{4}{6}$ $\frac{2}{5}$ $\frac{2}{4}$ $\frac{2}{6}$ $\frac{4}{9}$

Verbinde.

3

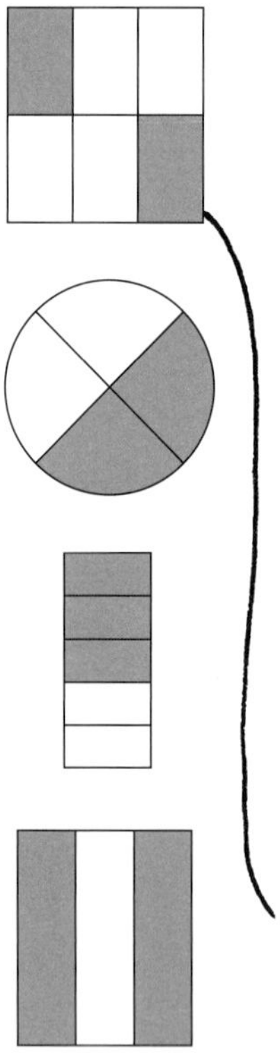

$\frac{2}{4}$ $\frac{3}{5}$ $\frac{2}{3}$ $\frac{2}{6}$

4

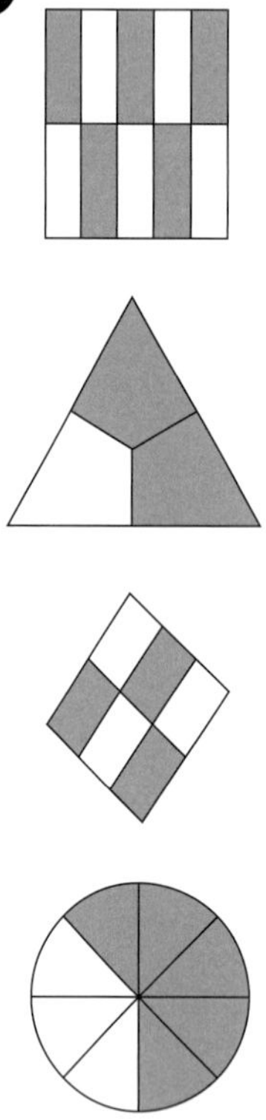

$\frac{3}{6}$ $\frac{5}{10}$ $\frac{5}{8}$ $\frac{2}{3}$

5

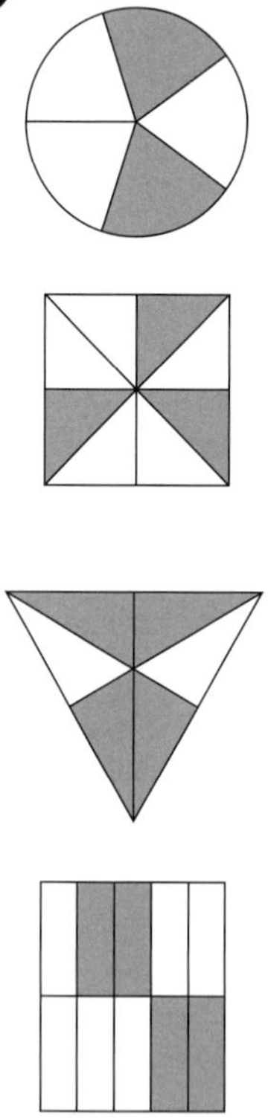

$\frac{4}{6}$ $\frac{4}{10}$ $\frac{2}{5}$ $\frac{3}{8}$

6

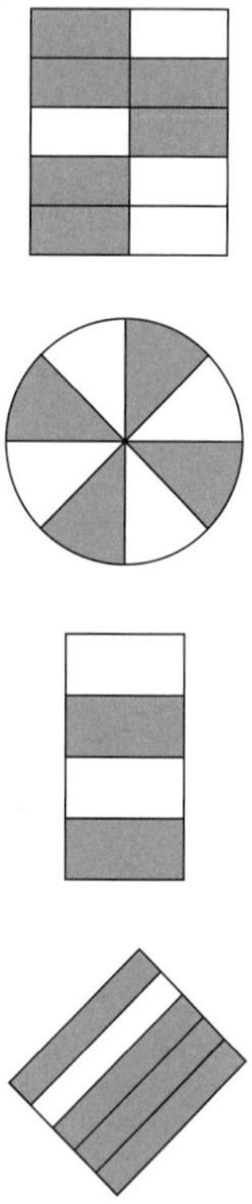

$\frac{2}{4}$ $\frac{4}{5}$ $\frac{4}{8}$ $\frac{6}{10}$

7 Größer (>) oder kleiner (<)?

$\frac{3}{4}$ ☐ $\frac{1}{4}$ $\frac{5}{6}$ ☐ $\frac{3}{6}$ $\frac{2}{3}$ ☐ $\frac{1}{3}$ $\frac{2}{4}$ ☐ $\frac{1}{4}$

$\frac{2}{8}$ ☐ $\frac{5}{8}$ $\frac{4}{10}$ ☐ $\frac{7}{10}$ $\frac{2}{5}$ ☐ $\frac{4}{5}$ $\frac{1}{6}$ ☐ $\frac{3}{6}$

Bruchteile

Male aus.

1

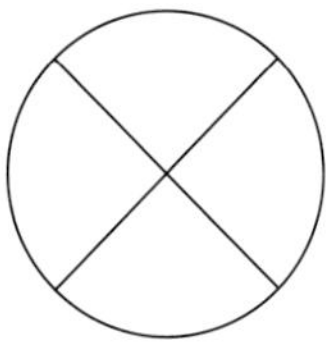 $\frac{3}{4}$ 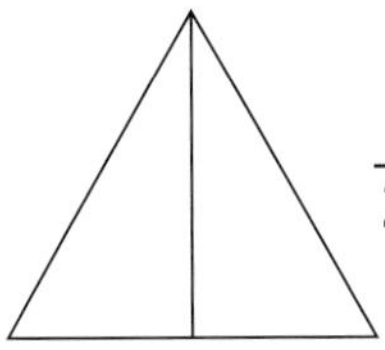 $\frac{1}{2}$ 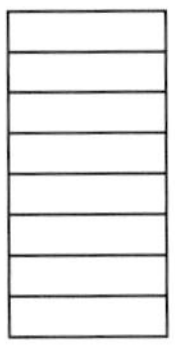 $\frac{5}{8}$ 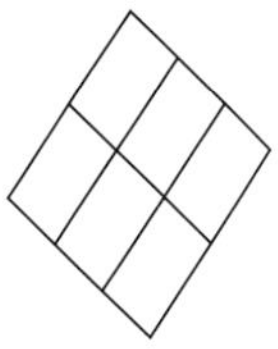 $\frac{4}{6}$ 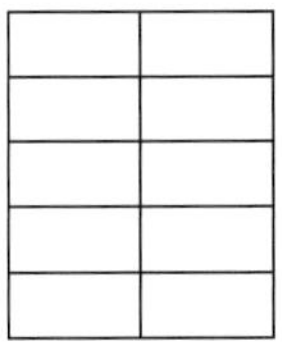 $\frac{3}{10}$

2

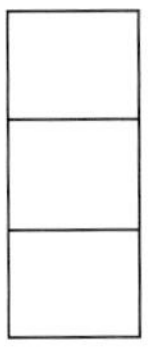 $\frac{2}{3}$ 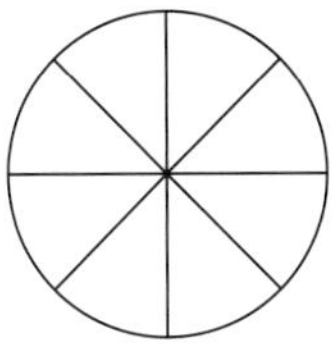 $\frac{3}{8}$ 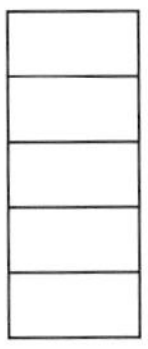 $\frac{4}{5}$ 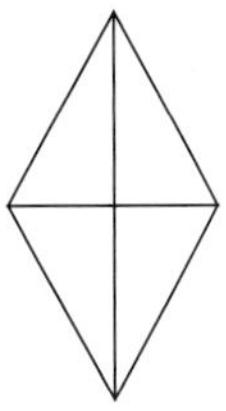 $\frac{1}{4}$ 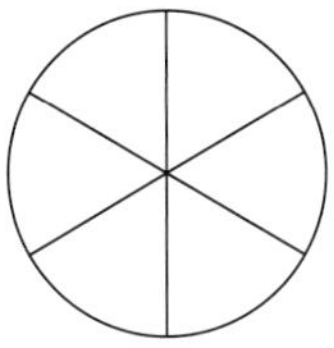 $\frac{3}{6}$

3 Kreise die richtigen Bruchzahlen ein.

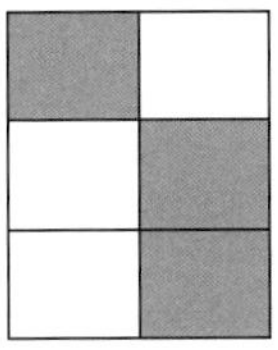 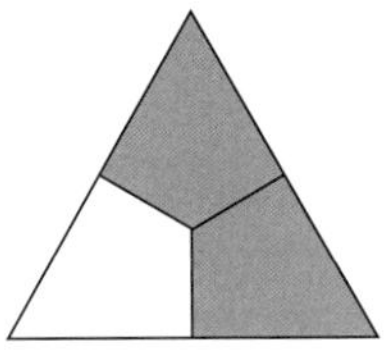 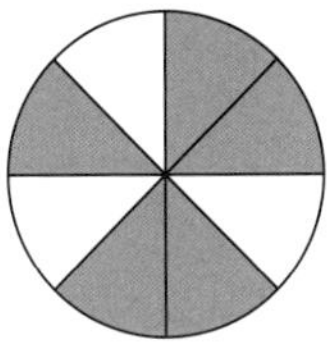 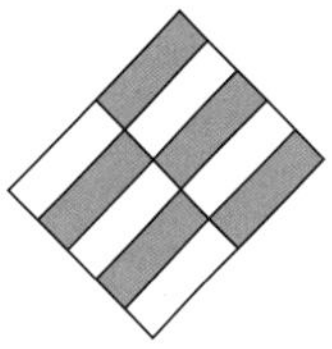 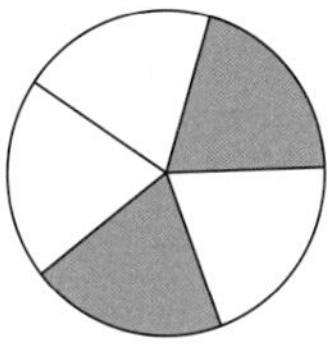

$\frac{2}{5}$ $\frac{3}{6}$ $\frac{4}{6}$ | $\frac{2}{3}$ $\frac{4}{3}$ $\frac{1}{2}$ | $\frac{4}{8}$ $\frac{5}{6}$ $\frac{5}{8}$ | $\frac{6}{8}$ $\frac{5}{10}$ $\frac{6}{5}$ | $\frac{3}{4}$ $\frac{2}{3}$ $\frac{2}{5}$

$\frac{5}{10}$ $\frac{3}{6}$ $\frac{4}{5}$ $\frac{5}{8}$ $\frac{2}{3}$ $\frac{2}{5}$

Test Bruchteile ausmalen

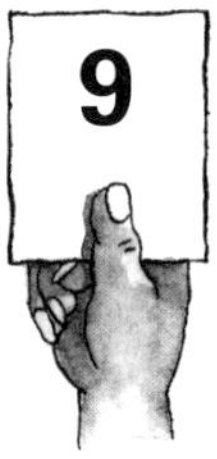

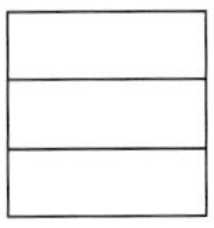 $\frac{2}{3}$ 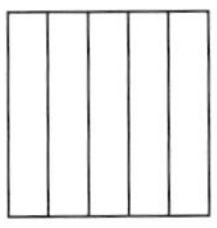 $\frac{3}{5}$ 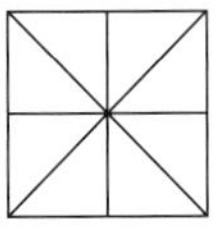 $\frac{5}{8}$ 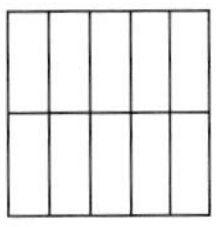 $\frac{4}{10}$ 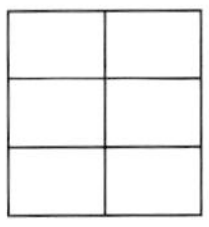 $\frac{2}{6}$

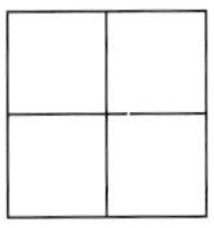 $\frac{3}{4}$ 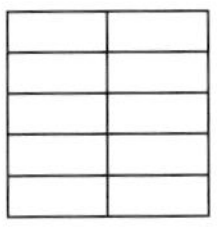 $\frac{5}{10}$ 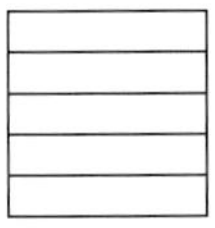 $\frac{4}{5}$ 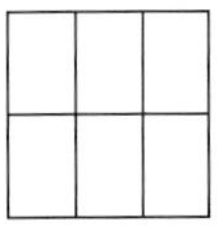 $\frac{5}{6}$ 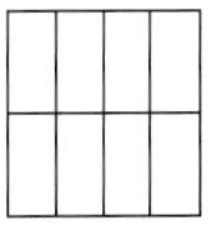 $\frac{7}{8}$

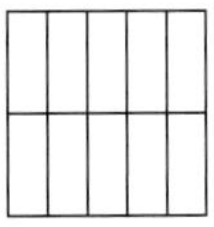 $\frac{6}{10}$ 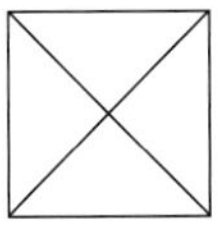 $\frac{2}{4}$ 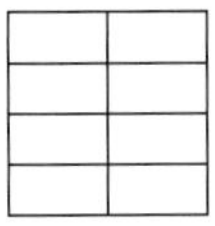 $\frac{3}{8}$ 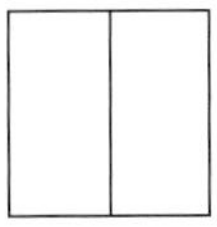 $\frac{1}{2}$ 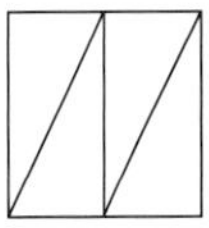 $\frac{3}{4}$

Bruchteile von Größen (kg – g)

1

1000 g ___ g ___ g ___ g ___ g ___ g

2

$\frac{1}{2}$ von 1 kg = ___ g

$\frac{1}{4}$ von 1 kg = ___ g

$\frac{3}{4}$ von 1 kg = ___ g

$\frac{2}{4}$ von 1 kg = ___ g

$\frac{1}{10}$ von 1 kg = ___ g

3

$\frac{1}{8}$ von 1 kg = ___ g

$\frac{3}{8}$ von 1 kg = ___ g

$\frac{5}{8}$ von 1 kg = ___ g

$\frac{4}{8}$ von 1 kg = ___ g

$\frac{7}{8}$ von 1 kg = ___ g

4

$\frac{5}{10}$ von 1 kg = ___ g

$\frac{2}{10}$ von 1 kg = ___ g

$\frac{6}{10}$ von 1 kg = ___ g

$\frac{3}{10}$ von 1 kg = ___ g

$\frac{8}{10}$ von 1 kg = ___ g

625 100 500 250 300 750 200 375 875 125 350 500 800 500 600 500

5

Frau Möller kauft $\frac{1}{4}$ kg Edamer.

$\frac{1}{4}$ von 1000 g = ___

1000 : 4 = 250

Frau Möller hat 250 g Käse gekauft.

6

Frau Balz kauft $\frac{3}{4}$ kg Emmentaler.

$\frac{3}{4}$ von 1000 g = ___

1000 : 4 = 250

250 · 3 = ___

Sie hat ___ g Käse gekauft.

7

$\frac{1}{2}$ kg Quark

$\frac{1}{8}$ kg Ziegenrolle

$\frac{3}{4}$ kg Limburger

8

$\frac{1}{4}$ kg Hüttenkäse

$\frac{3}{8}$ kg Brie

$\frac{1}{2}$ kg Appenzeller

9

$\frac{2}{8}$ kg Feta

$\frac{3}{4}$ kg Gouda

$\frac{3}{10}$ kg Pfefferkäse

___ g ___ g ___ g ___ g ___ g ___ g ___ g ___ g ___ g

250 750 500 300 400 375 125 250 750 500 750

Bruchteile von Größen (kg – g)

1

$\frac{1}{4}$ von 1 kg

1 000 : 4 = ____

$\frac{1}{4}$ von 1 kg = ____ g

2

$\frac{1}{2}$ von 1 kg = ____ g

$\frac{1}{4}$ von 1 kg = ____ g

$\frac{1}{8}$ von 1 kg = ____ g

$\frac{1}{10}$ von 1 kg = ____ g

3

$\frac{1}{5}$ von 1 kg = ____ g

$\frac{1}{8}$ von 1 kg = ____ g

$\frac{1}{10}$ von 1 kg = ____ g

$\frac{1}{4}$ von 1 kg = ____ g

125 500 250 200 250
100 250 350 125 100

4

$\frac{1}{4}$ von 2 kg

2000 : 4 = ____

$\frac{1}{4}$ von 2 kg = ____ g

5

$\frac{1}{4}$ von 6 kg = ____ g

$\frac{1}{2}$ von 8 kg = ____ g

$\frac{1}{2}$ von 4 kg = ____ g

$\frac{1}{8}$ von 10 kg = ____ g

6

$\frac{1}{8}$ von 5 kg = ____ g

$\frac{1}{10}$ von 3 kg = ____ g

$\frac{1}{10}$ von 12 kg = ____ g

$\frac{1}{5}$ von 20 kg = ____ g

300 4 000 625 1 250 4 000
2 000 1 500 375 1 200 500

7

$\frac{3}{4}$ von 5 kg

5000 : 4 = ____

____ · 3 = ____

$\frac{3}{4}$ von 5 kg = ____ g

8

$\frac{3}{4}$ von 2 kg = ____ g

$\frac{5}{8}$ von 6 kg = ____ g

$\frac{7}{8}$ von 4 kg = ____ g

$\frac{2}{5}$ von 8 kg = ____ g

9

$\frac{4}{5}$ von 3 kg = ____ g

$\frac{6}{10}$ von 15 kg = ____ g

$\frac{4}{10}$ von 25 kg = ____ g

$\frac{3}{8}$ von 5 kg = ____ g

9 000 1 500 3 200 2 400 3 750
3 750 3 500 10 000 3 400 1 875

Test Bruchteile von Größen

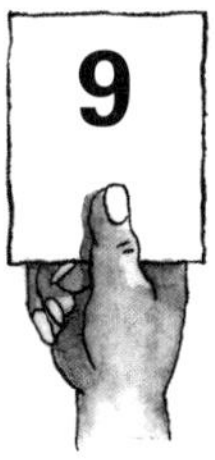

$\frac{1}{2}$ von 1 kg = ____ g

$\frac{1}{4}$ von 1 kg = ____ g

$\frac{1}{8}$ von 1 kg = ____ g

$\frac{1}{10}$ von 1 kg = ____ g

$\frac{1}{2}$ von 1 kg = ____ g

$\frac{3}{4}$ von 1 kg = ____ g

$\frac{5}{8}$ von 1 kg = ____ g

$\frac{3}{8}$ von 1 kg = ____ g

$\frac{4}{10}$ von 1 kg = ____ g

$\frac{7}{10}$ von 1 kg = ____ g

$\frac{2}{8}$ von 2 kg = ____ g

$\frac{7}{8}$ von 4 kg = ____ g

$\frac{3}{10}$ von 3 kg = ____ g

$\frac{5}{10}$ von 10 kg = ____ g

$\frac{8}{10}$ von 5 kg = ____ g

625 500 400 100 4 000 750 250 350 125 3 500 500 700 900 500 375 5 000

Bruchteile von Größen (Zeit)

1 Jahr = 12 Monate

❶ $\frac{1}{2}$ Jahr = 12 : 2 = ___

$\frac{1}{2}$ Jahr = ___ Monate

❷ $\frac{1}{4}$ Jahr = ___ : ___ = ___

$\frac{1}{4}$ Jahr = ___ Monate

❸ $\frac{3}{4}$ Jahr = ___ : ___ = ___

___ · 3 = ___

$\frac{3}{4}$ Jahr = ___ Monate

❹ $\frac{2}{3}$ Jahr = ___ : ___ = ___

___ · ___ = ___

$\frac{2}{3}$ Jahr = ___ Monate

$\frac{1}{2}$ Jahr später

❺ 12 Februar → ___ 15 April → ___ 29 Juni → ___

❻ 9 November → ___ 6 September → ___ 24 Dezember → ___

$\frac{1}{4}$ Jahr früher

❼ ___ ← 31 Dezember ___ ← 7 Oktober ___ ← 16 November

❽ ___ ← 15 Juli ___ ← 3 Mai ___ ← 28 April

❾ Tobias ist am 6. Juli $\frac{1}{2}$ Jahr alt. Er wurde am ___ geboren.

❿ Elena wurde am 15. Juni geboren. Sie wird am ___ $\frac{1}{4}$ Jahr alt sein.

⓫ Kadir wurde am 2. Februar geboren. Er wird am ___ $\frac{3}{4}$ Jahre alt sein.

Bruchteile von Größen (Zeit)

1 Tag = 24 Stunden	1 Stunde = 60 Minuten
1 Tag = 24 h	1 h = 60 min

❶ $\frac{1}{2}$ Tag = 24 : 2 = ___

$\frac{1}{2}$ Tag = ___ h

❷ $\frac{1}{2}$ h = 60 : 2 = ___

$\frac{1}{2}$ h = ___ min

❸ $\frac{3}{4}$ Tag = ___ : ___ = ___

___ · 3 = ___

$\frac{3}{4}$ Tag = ___ h

❹ $\frac{3}{4}$ h = ___ : ___ = ___

___ · ___ = ___

$\frac{3}{4}$ h = ___ min

❺ $\frac{1}{2}$ h später

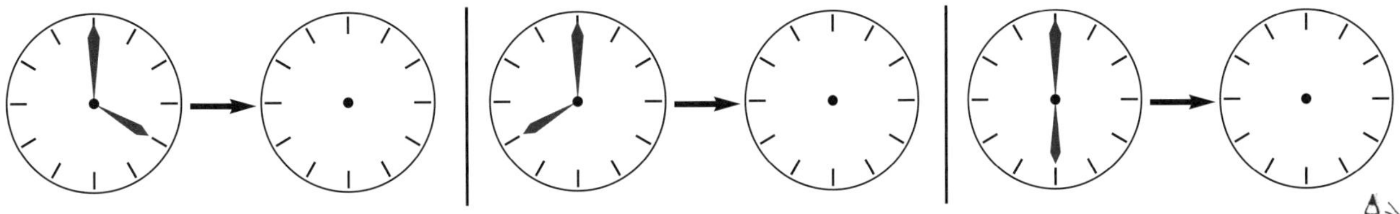

❻ $\frac{3}{4}$ h später

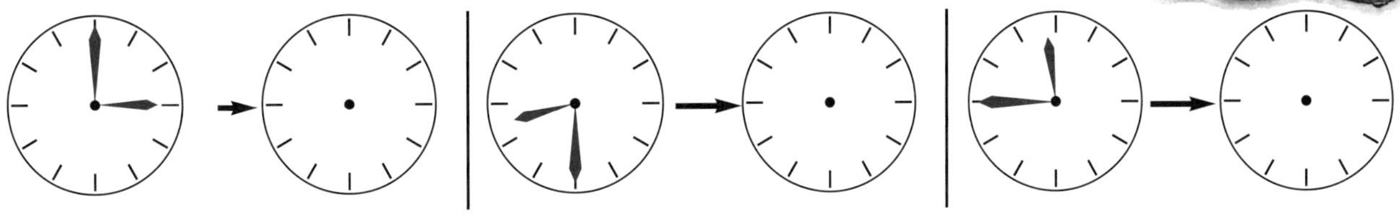

❼ Wanderung

Beginn 8.30 Uhr —$\frac{3}{4}$ h→ Schlossruine ___ Uhr —$\frac{1}{2}$ h→ Rastplatz ___ Uhr —$\frac{1}{4}$ h→ Badesee ___ Uhr

Test Bruchteile von Größen

$\frac{1}{2}$ Jahr = ___ Monate	$\frac{1}{2}$ Tag = ___ h	$\frac{1}{2}$ h = ___ min	20 min = $\frac{\_\_}{\_\_}$ h
$\frac{1}{4}$ Jahr = ___ Monate	$\frac{1}{4}$ Tag = ___ h	$\frac{1}{4}$ h = ___ min	30 min = $\frac{\_\_}{\_\_}$ h
$\frac{3}{4}$ Jahr = ___ Monate	$\frac{3}{4}$ Tag = ___ h	$\frac{3}{4}$ h = ___ min	40 min = $\frac{\_\_}{\_\_}$ h

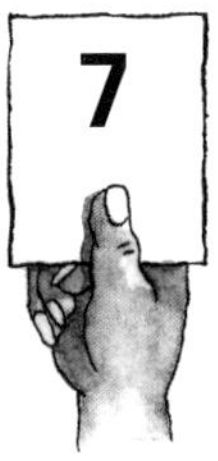

Erweitern

1

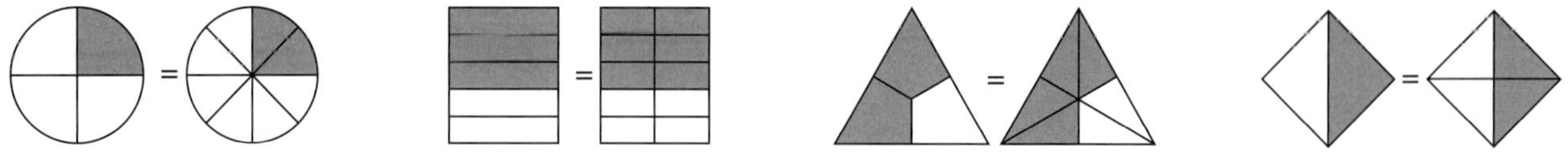

$\frac{1}{4} = \frac{}{8}$ $\frac{}{} = \frac{}{}$ $\frac{}{} = \frac{}{}$ $\frac{}{} = \frac{}{}$

Erweitere mit 2.

2
$\frac{1}{2} = \frac{}{}$ $\frac{2}{3} = \frac{}{}$
$\frac{1}{4} = \frac{}{}$ $\frac{3}{4} = \frac{}{}$
$\frac{1}{3} = \frac{}{}$ $\frac{5}{6} = \frac{}{}$

$\frac{4}{6}$ $\frac{10}{12}$ $\frac{2}{4}$ $\frac{1}{2}$ $\frac{2}{6}$ $\frac{6}{8}$ $\frac{2}{8}$

3
$\frac{2}{5} = \frac{}{}$ $\frac{1}{5} = \frac{}{}$
$\frac{1}{8} = \frac{}{}$ $\frac{2}{6} = \frac{}{}$
$\frac{3}{5} = \frac{}{}$ $\frac{3}{8} = \frac{}{}$

$\frac{6}{10}$ $\frac{4}{10}$ $\frac{4}{12}$ $\frac{8}{6}$ $\frac{2}{10}$ $\frac{6}{16}$ $\frac{2}{16}$

4
$\frac{1}{6} = \frac{}{}$ $\frac{4}{5} = \frac{}{}$
$\frac{2}{4} = \frac{}{}$ $\frac{2}{7} = \frac{}{}$
$\frac{1}{8} = \frac{}{}$ $\frac{1}{9} = \frac{}{}$

$\frac{2}{16}$ $\frac{2}{18}$ $\frac{3}{14}$ $\frac{2}{12}$ $\frac{4}{14}$ $\frac{4}{8}$ $\frac{8}{10}$

Erweitere mit 3.

5
$\frac{1}{6} = \frac{}{}$ $\frac{3}{8} = \frac{}{}$
$\frac{2}{5} = \frac{}{}$ $\frac{1}{4} = \frac{}{}$
$\frac{3}{7} = \frac{}{}$ $\frac{1}{2} = \frac{}{}$

$\frac{9}{24}$ $\frac{3}{6}$ $\frac{3}{18}$ $\frac{5}{16}$ $\frac{9}{21}$ $\frac{3}{12}$ $\frac{6}{15}$

6
$\frac{1}{3} = \frac{}{}$ $\frac{4}{6} = \frac{}{}$
$\frac{4}{5} = \frac{}{}$ $\frac{3}{10} = \frac{}{}$
$\frac{2}{7} = \frac{}{}$ $\frac{1}{8} = \frac{}{}$

$\frac{9}{30}$ $\frac{3}{24}$ $\frac{3}{9}$ $\frac{12}{15}$ $\frac{12}{18}$ $\frac{12}{20}$ $\frac{6}{21}$

7
$\frac{2}{3} = \frac{}{}$ $\frac{3}{6} = \frac{}{}$
$\frac{2}{4} = \frac{}{}$ $\frac{5}{8} = \frac{}{}$
$\frac{1}{5} = \frac{}{}$ $\frac{6}{10} = \frac{}{}$

$\frac{3}{15}$ $\frac{18}{30}$ $\frac{6}{9}$ $\frac{9}{18}$ $\frac{6}{18}$ $\frac{15}{24}$ $\frac{6}{12}$

8

$\frac{2}{3}$	$\frac{2}{4}$
$\frac{4}{5}$	$\frac{6}{8}$
$\frac{1}{2}$	$\frac{4}{6}$
$\frac{3}{4}$	$\frac{4}{12}$
$\frac{2}{6}$	$\frac{8}{10}$

9

$\frac{1}{8}$	$\frac{15}{18}$
$\frac{2}{5}$	$\frac{3}{24}$
$\frac{5}{6}$	$\frac{3}{12}$
$\frac{1}{4}$	$\frac{6}{9}$
$\frac{2}{3}$	$\frac{6}{15}$

10

$\frac{1}{3}$	$\frac{12}{16}$
$\frac{2}{8}$	$\frac{4}{12}$
$\frac{1}{5}$	$\frac{8}{32}$
$\frac{3}{4}$	$\frac{4}{24}$
$\frac{1}{6}$	$\frac{4}{20}$

11

$\frac{2}{8}$	$\frac{5}{30}$
$\frac{1}{6}$	$\frac{5}{10}$
$\frac{2}{3}$	$\frac{15}{20}$
$\frac{1}{2}$	$\frac{10}{15}$
$\frac{3}{4}$	$\frac{10}{40}$

Erweitere mit 4.

1

$\frac{1}{6} = \frac{\quad}{\quad}$ $\frac{2}{3} = \frac{\quad}{\quad}$

$\frac{3}{4} = \frac{\quad}{\quad}$ $\frac{1}{5} = \frac{\quad}{\quad}$

$\frac{2}{8} = \frac{\quad}{\quad}$ $\frac{3}{7} = \frac{\quad}{\quad}$

$\frac{12}{16}$ $\frac{8}{32}$ $\frac{4}{24}$ $\frac{4}{20}$ $\frac{6}{14}$ $\frac{12}{28}$ $\frac{8}{12}$

2

$\frac{1}{2} = \frac{\quad}{\quad}$ $\frac{1}{4} = \frac{\quad}{\quad}$

$\frac{3}{5} = \frac{\quad}{\quad}$ $\frac{5}{6} = \frac{\quad}{\quad}$

$\frac{7}{10} = \frac{\quad}{\quad}$ $\frac{5}{7} = \frac{\quad}{\quad}$

$\frac{20}{24}$ $\frac{20}{28}$ $\frac{4}{8}$ $\frac{4}{9}$ $\frac{4}{16}$ $\frac{28}{40}$ $\frac{12}{20}$

3

$\frac{4}{10} = \frac{\quad}{\quad}$ $\frac{3}{5} = \frac{\quad}{\quad}$

$\frac{3}{8} = \frac{\quad}{\quad}$ $\frac{4}{6} = \frac{\quad}{\quad}$

$\frac{1}{7} = \frac{\quad}{\quad}$ $\frac{3}{10} = \frac{\quad}{\quad}$

$\frac{12}{20}$ $\frac{12}{40}$ $\frac{16}{40}$ $\frac{4}{28}$ $\frac{6}{28}$ $\frac{16}{24}$ $\frac{12}{32}$

Erweitere mit 5.

4

$\frac{1}{6} = \frac{\quad}{\quad}$ $\frac{3}{4} = \frac{\quad}{\quad}$

$\frac{2}{3} = \frac{\quad}{\quad}$ $\frac{5}{7} = \frac{\quad}{\quad}$

$\frac{1}{5} = \frac{\quad}{\quad}$ $\frac{2}{3} = \frac{\quad}{\quad}$

$\frac{10}{15}$ $\frac{5}{30}$ $\frac{5}{20}$ $\frac{5}{25}$ $\frac{15}{20}$ $\frac{25}{35}$ $\frac{10}{15}$

5

$\frac{3}{9} = \frac{\quad}{\quad}$ $\frac{1}{2} = \frac{\quad}{\quad}$

$\frac{2}{7} = \frac{\quad}{\quad}$ $\frac{5}{8} = \frac{\quad}{\quad}$

$\frac{3}{10} = \frac{\quad}{\quad}$ $\frac{4}{7} = \frac{\quad}{\quad}$

$\frac{10}{35}$ $\frac{20}{35}$ $\frac{15}{45}$ $\frac{15}{50}$ $\frac{15}{60}$ $\frac{25}{40}$ $\frac{5}{10}$

6

$\frac{5}{9} = \frac{\quad}{\quad}$ $\frac{2}{8} = \frac{\quad}{\quad}$

$\frac{7}{10} = \frac{\quad}{\quad}$ $\frac{1}{4} = \frac{\quad}{\quad}$

$\frac{1}{3} = \frac{\quad}{\quad}$ $\frac{2}{5} = \frac{\quad}{\quad}$

$\frac{35}{50}$ $\frac{10}{25}$ $\frac{25}{45}$ $\frac{5}{15}$ $\frac{5}{20}$ $\frac{10}{40}$ $\frac{5}{30}$

7*

$\frac{1 \cdot \quad}{2 \cdot \quad} = \frac{3}{6}$ $\frac{2 \cdot \quad}{5 \cdot \quad} = \frac{8}{20}$ $\frac{1 \cdot \quad}{3 \cdot \quad} = \frac{6}{18}$ $\frac{1 \cdot \quad}{8 \cdot \quad} = \frac{10}{80}$

Test Erweitern

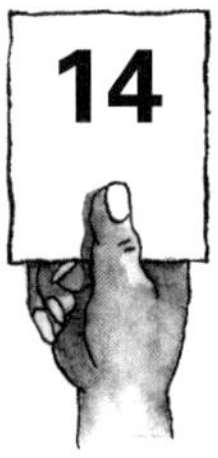

Erweitere mit 2.

$\frac{1}{2} = \frac{\quad}{\quad}$ $\frac{3}{8} = \frac{\quad}{\quad}$ $\frac{2}{3} = \frac{\quad}{\quad}$

$\frac{1}{4} = \frac{\quad}{\quad}$ $\frac{2}{5} = \frac{\quad}{\quad}$ $\frac{5}{6} = \frac{\quad}{\quad}$

Erweitere mit 4.

$\frac{1}{5} = \frac{\quad}{\quad}$ $\frac{4}{5} = \frac{\quad}{\quad}$ $\frac{3}{7} = \frac{\quad}{\quad}$

$\frac{1}{8} = \frac{\quad}{\quad}$ $\frac{3}{6} = \frac{\quad}{\quad}$ $\frac{2}{8} = \frac{\quad}{\quad}$

$\frac{2}{8}$ $\frac{10}{12}$ $\frac{4}{32}$ $\frac{16}{20}$ $\frac{4}{10}$ $\frac{2}{4}$ $\frac{5}{8}$ $\frac{4}{20}$ $\frac{4}{6}$ $\frac{12}{24}$ $\frac{6}{16}$ $\frac{12}{28}$ $\frac{8}{32}$

Erweitere mit 3.

$\frac{1}{3} = \frac{\quad}{\quad}$ $\frac{3}{4} = \frac{\quad}{\quad}$ $\frac{2}{10} = \frac{\quad}{\quad}$

$\frac{1}{7} = \frac{\quad}{\quad}$ $\frac{3}{5} = \frac{\quad}{\quad}$ $\frac{5}{8} = \frac{\quad}{\quad}$

Erweitere mit 5.

$\frac{1}{6} = \frac{\quad}{\quad}$ $\frac{4}{7} = \frac{\quad}{\quad}$ $\frac{7}{8} = \frac{\quad}{\quad}$

$\frac{1}{10} = \frac{\quad}{\quad}$ $\frac{2}{6} = \frac{\quad}{\quad}$ $\frac{4}{9} = \frac{\quad}{\quad}$

$\frac{9}{15}$ $\frac{3}{9}$ $\frac{10}{30}$ $\frac{15}{24}$ $\frac{35}{40}$ $\frac{6}{30}$ $\frac{20}{45}$ $\frac{3}{21}$ $\frac{7}{14}$ $\frac{5}{50}$ $\frac{9}{12}$ $\frac{20}{35}$ $\frac{5}{30}$

Kürzen

Kürze.

1

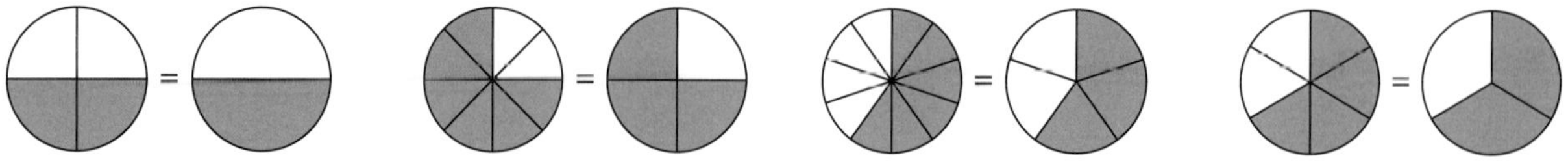

$\frac{2}{4} = \frac{\ }{\ }$ $\frac{\ }{\ } = \frac{\ }{\ }$ $\frac{\ }{\ } = \frac{\ }{\ }$ $\frac{\ }{\ } = \frac{\ }{\ }$

2

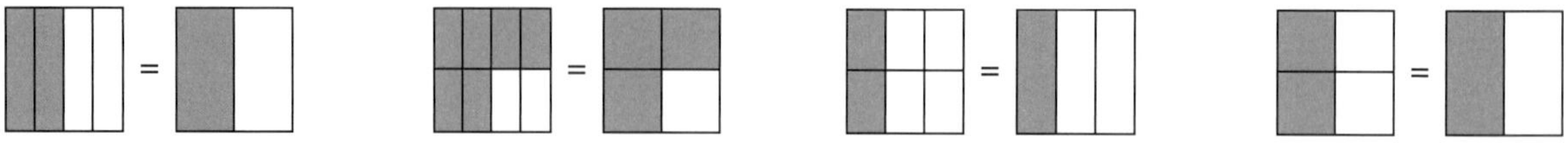

$\frac{\ }{\ } = \frac{\ }{\ }$ $\frac{\ }{\ } = \frac{\ }{\ }$ $\frac{\ }{\ } = \frac{\ }{\ }$ $\frac{\ }{\ } = \frac{\ }{\ }$

$\frac{2}{4}$ $\frac{1}{2}$ $\frac{3}{5}$ $\frac{4}{6}$ $\frac{3}{4}$ $\frac{1}{3}$ $\frac{6}{8}$ $\frac{1}{2}$ $\frac{6}{10}$ $\frac{3}{4}$ $\frac{2}{3}$ $\frac{2}{6}$ $\frac{1}{2}$ $\frac{2}{4}$ $\frac{1}{5}$ $\frac{6}{8}$

3 Kürze durch 2.

$\frac{4}{6} = \frac{\ }{\ }$ $\frac{4}{10} = \frac{\ }{\ }$

$\frac{2}{10} = \frac{\ }{\ }$ $\frac{4}{14} = \frac{\ }{\ }$

$\frac{1}{5}$ $\frac{2}{3}$ $\frac{2}{5}$ $\frac{1}{5}$ $\frac{2}{7}$

4 Kürze durch 3.

$\frac{6}{9} = \frac{\ }{\ }$ $\frac{3}{9} = \frac{\ }{\ }$

$\frac{3}{6} = \frac{\ }{\ }$ $\frac{9}{12} = \frac{\ }{\ }$

$\frac{1}{5}$ $\frac{3}{4}$ $\frac{1}{2}$ $\frac{1}{3}$ $\frac{2}{3}$

5 Kürze durch 4.

$\frac{12}{20} = \frac{\ }{\ }$ $\frac{8}{12} = \frac{\ }{\ }$

$\frac{4}{20} = \frac{\ }{\ }$ $\frac{12}{24} = \frac{\ }{\ }$

$\frac{1}{5}$ $\frac{3}{6}$ $\frac{2}{3}$ $\frac{1}{6}$ $\frac{3}{5}$

6 Kürze durch 5.

$\frac{5}{10} = \frac{\ }{\ }$ $\frac{5}{15} = \frac{\ }{\ }$

$\frac{5}{5} =$ $\frac{15}{20} = \frac{\ }{\ }$

1 $\frac{1}{4}$ $\frac{1}{2}$ $\frac{3}{4}$ $\frac{1}{3}$

7 Kürze durch 6.

$\frac{12}{18} = \frac{\ }{\ }$ $\frac{6}{12} = \frac{\ }{\ }$

$\frac{6}{18} = \frac{\ }{\ }$ $\frac{12}{24} = \frac{\ }{\ }$

$\frac{1}{2}$ $\frac{1}{3}$ $\frac{1}{4}$ $\frac{2}{3}$ $\frac{2}{4}$

8 Kürze durch 7.

$\frac{7}{14} = \frac{\ }{\ }$ $\frac{14}{35} = \frac{\ }{\ }$

$\frac{14}{21} = \frac{\ }{\ }$ $\frac{7}{21} = \frac{\ }{\ }$

$\frac{1}{3}$ $\frac{1}{2}$ $\frac{1}{4}$ $\frac{2}{5}$ $\frac{2}{3}$

9 Kürze durch 10.

$\frac{20}{40} = \frac{\ }{\ }$ $\frac{30}{40} = \frac{\ }{\ }$

$\frac{10}{10} =$ $\frac{40}{50} = \frac{\ }{\ }$

$\frac{3}{5}$ 1 $\frac{3}{4}$ $\frac{4}{5}$ $\frac{2}{4}$

10 Kürze durch 12.

$\frac{12}{36} = \frac{\ }{\ }$ $\frac{12}{12} =$

$\frac{12}{48} = \frac{\ }{\ }$ $\frac{12}{24} = \frac{\ }{\ }$

$\frac{1}{2}$ 2 $\frac{1}{4}$ $\frac{1}{3}$ 1

Kürze so weit wie möglich.

11

$\frac{4}{8} = \frac{\ }{\ }$ $\frac{3}{6} = \frac{\ }{\ }$ $\frac{8}{12} = \frac{\ }{\ }$

$\frac{2}{6} = \frac{\ }{\ }$ $\frac{4}{6} = \frac{\ }{\ }$ $\frac{4}{12} = \frac{\ }{\ }$

$\frac{1}{3}$ $\frac{1}{2}$ $\frac{1}{3}$ $\frac{1}{2}$ $\frac{2}{3}$ $\frac{1}{2}$ $\frac{2}{3}$

12

$\frac{8}{10} = \frac{\ }{\ }$ $\frac{5}{10} = \frac{\ }{\ }$ $\frac{6}{12} = \frac{\ }{\ }$

$\frac{6}{8} = \frac{\ }{\ }$ $\frac{2}{8} = \frac{\ }{\ }$ $\frac{3}{9} = \frac{\ }{\ }$

$\frac{1}{2}$ $\frac{1}{3}$ $\frac{1}{4}$ $\frac{1}{2}$ $\frac{2}{3}$ $\frac{3}{4}$ $\frac{4}{5}$

Kürzen

Kürze so weit wie möglich.

1

$\frac{6}{9} =$ $\frac{6}{12} =$

$\frac{6}{8} =$ $\frac{6}{10} =$

$\frac{6}{15} =$ $\frac{4}{6} =$

$\frac{3}{2}$ $\frac{2}{5}$ $\frac{2}{3}$ $\frac{3}{5}$ $\frac{3}{4}$ $\frac{2}{3}$ $\frac{1}{2}$

2

$\frac{5}{10} =$ $\frac{5}{15} =$

$\frac{5}{20} =$ $\frac{10}{15} =$

$\frac{10}{12} =$ $\frac{6}{8} =$

$\frac{3}{4}$ $\frac{5}{6}$ $\frac{2}{3}$ $\frac{1}{4}$ $\frac{1}{3}$ $\frac{1}{2}$ $\frac{1}{4}$

3

$\frac{4}{4} =$ $\frac{10}{10} =$

$\frac{6}{6} =$ $\frac{12}{6} =$

$\frac{9}{3} =$ $\frac{4}{2} =$

3 2 1 2 1 4 1

Kürze wie vorgegeben.

4

$\frac{8}{16} = \frac{}{2}$ $\frac{6}{15} = \frac{}{5}$

$\frac{8}{12} = \frac{}{3}$ $\frac{20}{24} = \frac{}{6}$

$\frac{12}{20} = \frac{}{5}$ $\frac{12}{15} = \frac{}{5}$

$\frac{1}{2}$ $\frac{2}{5}$ $\frac{4}{5}$ $\frac{2}{3}$ $\frac{5}{6}$ $\frac{3}{5}$ $\frac{3}{4}$

5

$\frac{15}{30} = \frac{}{2}$ $\frac{18}{21} = \frac{}{7}$

$\frac{8}{12} = \frac{}{3}$ $\frac{8}{18} = \frac{}{9}$

$\frac{2}{20} = \frac{}{10}$ $\frac{6}{15} = \frac{}{5}$

$\frac{2}{5}$ $\frac{1}{2}$ $\frac{1}{4}$ $\frac{2}{3}$ $\frac{4}{9}$ $\frac{1}{10}$ $\frac{6}{7}$

6 *

$\frac{4}{6} = \frac{}{3}$ $\frac{6}{8} = \frac{}{4}$

$\frac{6}{10} = \frac{}{5}$ $\frac{6}{6} =$

$\frac{9}{9} =$ $\frac{8}{8} =$

$\frac{2}{3}$ $\frac{3}{4}$ $\frac{3}{5}$ 1 1 1 $\frac{2}{3}$

7 Verbinde gleich große Brüche mit einem Strich. Ein Bruch bleibt übrig.

$\frac{4}{6}$ $\frac{3}{4}$ $\frac{2}{10}$ $\frac{1}{5}$ $\frac{2}{5}$ $\frac{1}{2}$ $\frac{8}{12}$ $\frac{4}{5}$ $\frac{10}{15}$

$\frac{2}{3}$ $\frac{6}{8}$ $\frac{4}{12}$ $\frac{1}{3}$ $\frac{4}{10}$ $\frac{5}{10}$ $\frac{2}{3}$ $\frac{2}{3}$

Test Kürzen

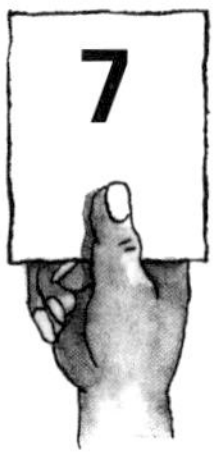

$\frac{2}{6} =$ $\frac{4}{4} =$ $\frac{3}{6} =$ $\frac{6}{9} =$ $\frac{6}{15} =$ $\frac{2}{8} =$

$\frac{12}{15} =$ $\frac{4}{8} =$ $\frac{8}{10} =$ $\frac{4}{6} =$ $\frac{8}{12} =$ $\frac{9}{12} =$

$\frac{1}{2}$ 1 $\frac{1}{2}$ $\frac{2}{3}$ $\frac{2}{5}$ $\frac{1}{4}$ $\frac{4}{5}$ $\frac{1}{3}$ $\frac{4}{5}$ $\frac{2}{3}$ $\frac{3}{4}$ $\frac{2}{3}$ $\frac{3}{4}$

Bruchteile von Größen (g – kg)

$100\text{ g} = \frac{1}{10}\text{ kg}$ $200\text{ g} = \frac{1}{5}\text{ kg}$ $250\text{ g} = \frac{1}{4}\text{ kg}$ $500\text{ g} = \frac{1}{2}\text{ kg}$ $750\text{ g} = \frac{3}{4}\text{ kg}$ $125\text{ g} = \frac{1}{8}\text{ kg}$

Gib als Bruchteile von kg an, kürze.

1
100 g = — kg
200 g = — kg
300 g = — kg
400 g = — kg
700 g = — kg

2
500 g = — kg
600 g = — kg
800 g = — kg
900 g = — kg
1000 g = — kg

3
125 g = — kg
250 g = — kg
750 g = — kg
375 g = — kg
875 g = — kg

$\frac{1}{4}$ $\frac{3}{10}$ $\frac{2}{5}$ $\frac{7}{10}$ $\frac{1}{10}$ $\frac{1}{5}$

1 $\frac{4}{5}$ $\frac{3}{5}$ $\frac{3}{4}$ $\frac{9}{10}$ $\frac{1}{2}$

$\frac{1}{4}$ $\frac{7}{8}$ $\frac{3}{4}$ $\frac{3}{8}$ $\frac{5}{8}$ $\frac{1}{8}$

Gib die Gewichtsangaben in Bruchteilen von kg an.

4

Erbsen 500 g	Linsen 250 g	weiße Bohnen 750 g	ungeschälter Reis 400 g	Dinkel 350 g	Roggenschrot 600 g
— kg	— kg	— kg	— kg	— kg	— kg

$\frac{2}{5}$ $\frac{7}{20}$ $\frac{3}{5}$ $\frac{3}{4}$ $\frac{1}{4}$ $\frac{1}{2}$ $\frac{1}{5}$

5 *

Quark 300 g	Sahne 125 g	Jogurt 200 g	Sauerrahm 150 g	Schichtkäse 600 g	Buttermilch 750 g
— kg	— kg	— kg	— kg	— kg	— kg

$\frac{3}{5}$ $\frac{1}{8}$ $\frac{1}{5}$ $\frac{3}{10}$ $\frac{3}{4}$ $\frac{1}{5}$ $\frac{3}{20}$

6 Addiere und wandle in kg um.

200 g + 400 g = g = — kg

750 g + 250 g = g = kg

100 g + 500 g = g = — kg

500 g + 250 g = g = — kg

150 g + 100 g = g = — kg

$\frac{9}{10}$ $\frac{3}{5}$ $\frac{3}{4}$ $\frac{1}{4}$ $\frac{3}{5}$ 1

Bruchteile von Größen (g – kg)

1

Mehl 750 g	Zucker 500 g	Nudeln 125 g	Sternnudeln 100 g	Reis 600 g	Salz 50 g
— kg	— kg	— kg	— kg	— kg	— kg

$\frac{3}{5}$ $\frac{1}{10}$ $\frac{1}{20}$ $\frac{1}{8}$ $\frac{1}{5}$ $\frac{3}{4}$ $\frac{1}{2}$

2

250 g = — kg 500 g = — kg

125 g = — kg 100 g = — kg

750 g = — kg 300 g = — kg

$\frac{1}{5}$ $\frac{3}{4}$ $\frac{1}{8}$ $\frac{1}{2}$ $\frac{1}{4}$ $\frac{3}{10}$ $\frac{1}{10}$

3

400 g = — kg 700 g = — kg

625 g = — kg 200 g = — kg

800 g = — kg 600 g = — kg

$\frac{1}{5}$ $\frac{3}{8}$ $\frac{3}{5}$ $\frac{4}{5}$ $\frac{7}{10}$ $\frac{2}{5}$ $\frac{5}{8}$

4 Verbinde gleiche Gewichte mit einer Linie. Eine Angabe bleibt übrig.

750 g   300 g   600 g   125 g   800 g   250 g   400 g   500 g   300 g   200 g

$\frac{3}{10}$ kg $\frac{3}{4}$ kg $\frac{6}{10}$ kg $\frac{1}{8}$ kg $\frac{1}{4}$ kg $\frac{4}{10}$ kg $\frac{3}{10}$ kg $\frac{1}{2}$ kg $\frac{1}{5}$ kg

$\frac{1}{2}$ von 4 kg = ___ g

$\frac{1}{2} \cdot 4000\text{ g} = 4000\text{ g} : 2$

$4000\text{ g} : 2 = 2000\text{ g}$

5

$\frac{1}{4}$ von 2 kg = ___ g

$\frac{1}{2}$ von 3 kg = ___ g

$\frac{1}{5}$ von 10 kg = ___ g

$\frac{1}{3}$ von 6 kg = ___ g

1500   500   300   2000   2000

6

$\frac{1}{2}$ von 5 kg = ___ g

$\frac{1}{4}$ von 4 kg = ___ g

$\frac{1}{2}$ von 6 kg = ___ g

$\frac{1}{2}$ von 8 kg = ___ g

4000   5000   1000   3000   2500

Test Umwandeln von g und kg

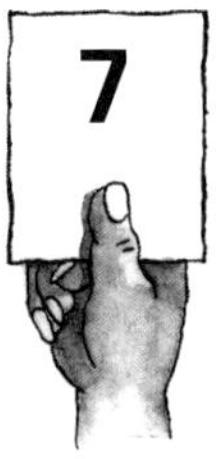

500 g = — kg   750 g = — kg   200 g = — kg   300 g = — kg

250 g = — kg   625 g = — kg   800 g = — kg   375 g = — kg

100 g = — kg   125 g = — kg   400 g = — kg   600 g = — kg

$\frac{1}{5}$ $\frac{1}{8}$ $\frac{3}{10}$ $\frac{5}{8}$ $\frac{1}{2}$ $\frac{2}{5}$ $\frac{3}{4}$ $\frac{1}{4}$ $\frac{1}{10}$ $\frac{3}{5}$ $\frac{4}{5}$ $\frac{3}{8}$ $\frac{3}{5}$

Bruchteile von Größen (m – km)

$100\ m = \frac{1}{10}\ km$ $200\ m = \frac{1}{5}\ km$ $250\ m = \frac{1}{4}\ km$ $500\ m = \frac{1}{2}\ km$ $750\ m = \frac{3}{4}\ km$ $125\ m = \frac{1}{8}\ km$

Gib als Bruchteile von km an, kürze.

1
100 m = — km
200 m = — km
300 m = — km
400 m = — km
500 m = — km

$\frac{3}{10}$ $\frac{2}{5}$ $\frac{1}{10}$ $\frac{1}{5}$ $\frac{1}{2}$ $\frac{1}{4}$

2
800 m = — km
700 m = — km
600 m = — km
500 m = — km
900 m = — km

$\frac{2}{5}$ $\frac{9}{10}$ $\frac{1}{2}$ $\frac{4}{5}$ $\frac{3}{5}$ $\frac{7}{10}$

3
500 m = — km
250 m = — km
125 m = — km
50 m = — km
10 m = — km

$\frac{1}{10}$ $\frac{1}{20}$ $\frac{1}{100}$ $\frac{1}{8}$ $\frac{1}{4}$ $\frac{1}{2}$

Wie weit ist es?

4

Apotheke 100 m	Post 300 m	Bahnhof 750 m	Skischule 500 m	Seilbahn 400 m	Skilift 600 m
— km	— km	— km	— km	— km	— km

$\frac{3}{5}$ $\frac{1}{2}$ $\frac{3}{10}$ $\frac{3}{4}$ $\frac{2}{5}$ $\frac{4}{5}$ $\frac{1}{10}$

5 Verbinde gleiche Längen mit einer Linie. Eine Angabe bleibt übrig.

250 m 500 m 750 m 600 m 500 m 200 m 300 m 100 m

$\frac{1}{2}$ km $\frac{1}{4}$ km $\frac{3}{4}$ km $\frac{1}{5}$ km $\frac{1}{2}$ km $\frac{1}{10}$ km $\frac{3}{10}$ km

6 Addiere und wandle in km um.

500 m	125 m	250 m	500 m	200 m
+ 250 m	+ 125 m	+ 125 m	+ 125 m	+ 400 m
m = — km	m = — km	m = — km	m = — km	m = — km

$\frac{3}{5}$ $\frac{5}{8}$ $\frac{3}{8}$ $\frac{3}{4}$ $\frac{2}{5}$ $\frac{1}{4}$

Bruchteile von Größen (km – m)

$\frac{1}{10}$ km = 100 m $\frac{1}{5}$ km = 200 m $\frac{1}{4}$ km = 250 m $\frac{1}{2}$ km = 500 m $\frac{3}{4}$ km = 750 m $\frac{1}{8}$ km = 125 m

Gib in Metern an.

1
$\frac{1}{2}$ km = ___ m $\frac{1}{5}$ km = ___ m
$\frac{1}{4}$ km = ___ m $\frac{1}{10}$ km = ___ m
$\frac{1}{8}$ km = ___ m $\frac{2}{5}$ km = ___ m

400 200 100 250 125 300 500

2
$\frac{3}{10}$ km = ___ m $\frac{3}{4}$ km = ___ m
$\frac{5}{10}$ km = ___ m $\frac{4}{10}$ km = ___ m
$\frac{2}{10}$ km = ___ m $\frac{6}{10}$ km = ___ m

200 600 400 300 400 750 500

$\frac{1}{2}$ von 8 km = 8000 m : 2 = 4000 m

3
$\frac{1}{2}$ von 4 km = ___ m
$\frac{1}{4}$ von 12 km = ___ m
$\frac{1}{8}$ von 4 km = ___ m
$\frac{1}{5}$ von 6 km = ___ m

1200 3000 600 500 2000

4
$\frac{1}{2}$ von 5 km = ___ m
$\frac{1}{4}$ von 6 km = ___ m
$\frac{1}{5}$ von 20 km = ___ m
$\frac{1}{8}$ von 16 km = ___ m

4000 2500 2000 3000 1500

5
$\frac{1}{10}$ von 20 km = ___ m
$\frac{1}{10}$ von 4 km = ___ m
$\frac{1}{10}$ von 3 km = ___ m
$\frac{1}{10}$ von 8 km = ___ m

600 400 300 800 2000

6 Länger oder kürzer? Trage größer (>) oder kleiner (<) ein.

750 m ___ $\frac{1}{2}$ km   600 m ___ $\frac{3}{4}$ km $\frac{1}{2}$ km ___ 625 m $\frac{3}{4}$ km ___ 800 m

Test Umwandeln von m und km

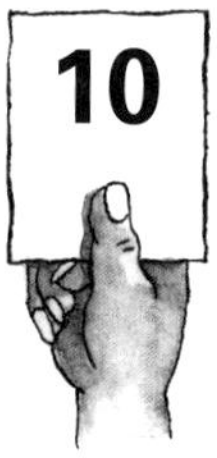

200 m = — km   50 m = — km
600 m = — km   10 m = — km
250 m = — km   400 m = — km
500 m = — km   750 m = — km

$\frac{1}{20}$ $\frac{1}{8}$ $\frac{3}{5}$ $\frac{1}{4}$ $\frac{3}{4}$ $\frac{1}{5}$ $\frac{1}{2}$ $\frac{1}{100}$ $\frac{2}{5}$

$\frac{1}{2}$ km = ___ m $\frac{3}{10}$ km = ___ m
$\frac{1}{4}$ km = ___ m $\frac{2}{10}$ km = ___ m
$\frac{1}{8}$ km = ___ m $\frac{3}{4}$ km = ___ m
$\frac{1}{5}$ km = ___ m $\frac{6}{10}$ km = ___ m

400 125 300 200 200 750 600 500 250

Bruchteile von Größen (Zeit)

1 Monat = $\frac{1}{12}$ Jahr 3 Monate = $\frac{1}{4}$ Jahr 6 Monate = $\frac{1}{2}$ Jahr 9 Monate = $\frac{3}{4}$ Jahr

Gib als Bruchteile von Jahren an, kürze.

1

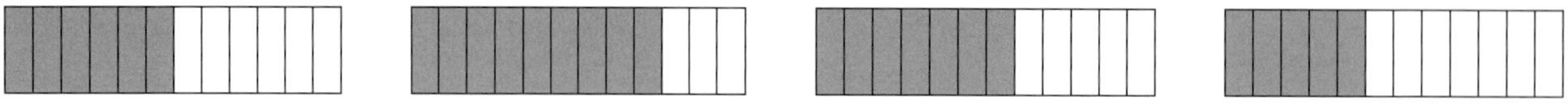

6 Monate = —— Jahr 9 Monate = —— Jahr 7 Monate = —— Jahr 5 Monate = —— Jahr

$\frac{3}{4}$ $\frac{1}{2}$ $\frac{1}{5}$ $\frac{5}{12}$ $\frac{7}{12}$

2

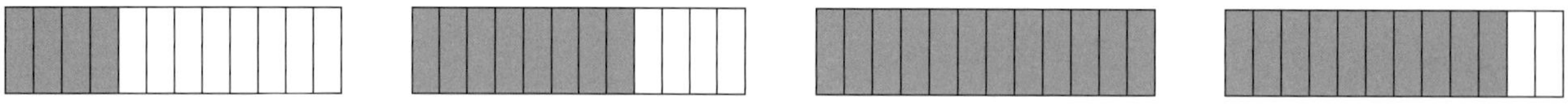

4 Monate = —— Jahr 8 Monate = —— Jahr 12 Monate = Jahr 10 Monate = —— Jahr

$\frac{5}{6}$ $\frac{1}{2}$ $\frac{2}{3}$ 1 $\frac{1}{3}$

3

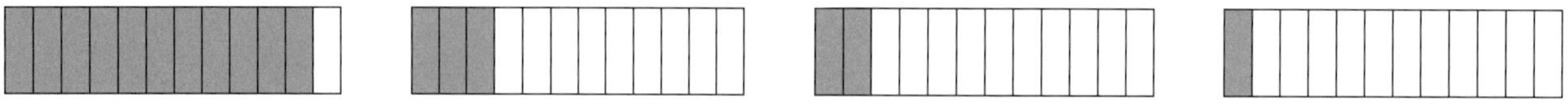

11 Monate = —— Jahr 3 Monate = —— Jahr 2 Monate = —— Jahr 1 Monat = —— Jahr

$\frac{1}{6}$ $\frac{1}{3}$ $\frac{1}{12}$ $\frac{11}{12}$ $\frac{1}{4}$

4 Verbinde gleiche Zeiten mit einer Linie. Eine Angabe bleibt übrig.

6 Monate 8 Monate 3 Monate 9 Monate 12 Monate 4 Monate

$\frac{2}{3}$ Jahr $\frac{1}{2}$ Jahr $\frac{1}{4}$ Jahr 1 Jahr $\frac{3}{4}$ Jahr $\frac{1}{6}$ Jahr $\frac{1}{3}$ Jahr

5 Herr Seibel bezahlt seine Autoversicherung für 6 Monate. Das ist für — Jahr.

6 Familie Mensel bezahlt die Tageszeitung drei Monate. Das ist für — Jahr.

7 Ein Fußball-Lehrgang dauert im Verein GRÜN-WEISS 6 Monate. Das ist — Jahr.

8 Claudia hat in 9 Monaten Schwimmen gelernt. Das ist — Jahr.

9 Gudrun besucht für 5 Monate einen Karate-Kurs. Das ist — Jahr.

10 Christian muss 2 Monate im Krankenhaus verbringen. Das ist — Jahr.

$\frac{1}{6}$ $\frac{1}{3}$ $\frac{1}{2}$ $\frac{3}{4}$ $\frac{1}{2}$ $\frac{5}{12}$ $\frac{1}{4}$

Bruchteile von Größen (Zeit)

10 min = $\frac{1}{6}$ h   15 min = $\frac{1}{4}$ h   30 min = $\frac{1}{2}$ h   45 min = $\frac{3}{4}$ h

Wie viel Zeit ist vergangen? Kürze, wo es möglich ist.

1

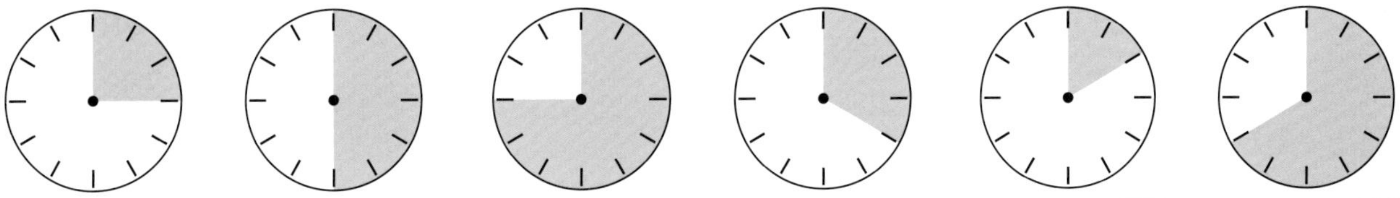

15 min = — h   30 min = — h   45 min = — h   20 min = — h   10 min = — h   40 min = — h

$\frac{1}{6}$ $\frac{2}{3}$ $\frac{1}{2}$ $\frac{3}{4}$ $\frac{1}{3}$ $\frac{1}{4}$ $\frac{1}{5}$

2

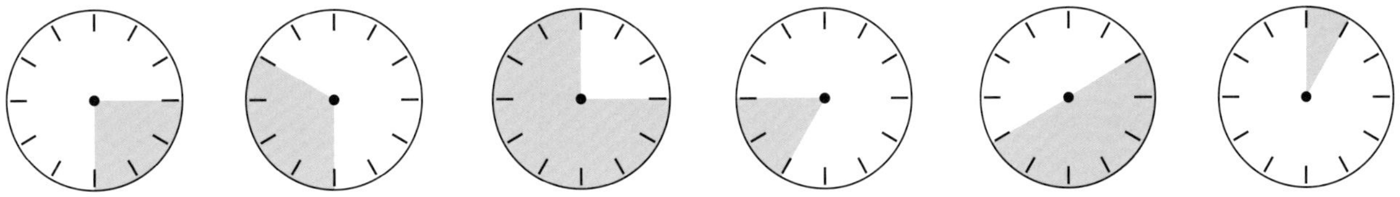

min = — h   min = — h   min = — h   min = — h   min = — h   min = — h

40 10 20 5 15 30 45

$\frac{1}{5}$ $\frac{1}{2}$ $\frac{3}{4}$ $\frac{1}{12}$ $\frac{1}{3}$ $\frac{1}{6}$ $\frac{1}{4}$

3

30 min = — h   45 min = — h

15 min = — h   20 min = — h

5 min = — h   10 min = — h

$\frac{1}{6}$ $\frac{3}{4}$ $\frac{2}{3}$ $\frac{1}{4}$ $\frac{1}{2}$ $\frac{1}{3}$ $\frac{1}{12}$

4

10 min = — h   40 min = — h

20 min = — h   50 min = — h

30 min = — h   1 min = — h

$\frac{1}{60}$ $\frac{2}{3}$ $\frac{1}{3}$ $\frac{5}{6}$ $\frac{1}{6}$ $\frac{1}{10}$ $\frac{1}{2}$

5 Alexander trifft seinen Freund. Nach 45 Minuten ist er wieder zu Hause. Er ist — h weg.

6 Sarah fährt 40 Minuten mit dem Fahrrad zur Schule. Das ist — h.

7 Herr Winter fährt 50 Minuten mit seinem Wagen zur Arbeitsstelle. Er fährt — h.

8 Judith fährt 30 Minuten mit der Straßenbahn zur Schule. Sie fährt — h.

$\frac{1}{3}$ $\frac{1}{2}$ $\frac{2}{3}$ $\frac{5}{6}$ $\frac{3}{4}$

Kreuzzahlrätsel

waagerecht →

(2)	7	·	61	=	
(4)	380	+	42	=	
(5)	128	·	4	=	
(7)	107	·	4	=	
(9)	201	·	3	=	
(11)	331	+	52	=	
(13)	8	·	8	=	
(14)	9	·	9	=	
(15)	110	–	17	=	
(16)	110	–	29	=	
(17)	480	–	265	=	
(20)	7	·	45	=	
(22)	8	·	31	=	
(24)	102	·	6	=	
(25)	430	+	43	=	
(26)	600	–	54	=	

senkrecht ↓

(1)	9	·	8	=	
(2)	460	–	36	=	
(3)	812	–	54	=	
(4)	10	·	40	=	
(6)	6	·	38	=	
(8)	3	·	7	=	
(9)	700	–	58	=	
(10)	7	·	55	=	
(11)	3	·	111	=	
(12)	77	·	5	=	
(18)	154	–	28	=	
(19)	3	·	8	=	
(21)	406	–	283	=	
(22)	5	·	45	=	
(23)	920	–	74	=	
(27)	5	·	9	=	